03 193

Verlag Podszun-Motorbücher GmbH
Elisabethstraße 23-25, D-59929 Brilon
Herstellung Druckhaus Cramer, Greven
ISBN 3-86133-306-6

Titelfotos: Udo Paulitz (oben links), Wolfgang Schmidt (oben rechts), KraussMaffei (unten)
und Stephan Kuchinke (Rückseite)

Jahrbuch 2002 Lokomotiven

PODSZUN

Liebe Leserin, lieber Leser!

Wir freuen uns sehr, Ihnen wieder eine bunte Mischung unterschiedlicher Themen rund um das Hobby Lokomotiven anbieten zu können. Dank gilt an dieser Stelle allen Autoren und Bildgebern, die in den letzten Wochen und Monaten mit Engagement und Tempo gearbeitet haben, damit dieses Jahrbuch rechtzeitig zur Frankfurter Buchmesse 2002 erscheinen kann. Ein technischer Hinweis: Namentlich gekennzeichnet sind lediglich Abbildungen, die nicht von den jeweiligen Verfassern der Artikel stammen.

Damit die Autoren dieser Ausgabe hier nicht nur als pure Namen „verewigt" werden, möchten wir sie in aller Kürze vorstellen. Wolfgang Schmidt und Joachim Janikowski aus Recklinghausen sind „nur" per Hobby mit dem Thema verbunden, sie haben sich ein umfangreiches Archiv aufgebaut. Gemeinsam mit Karl-Werner Friedrich, der seit Jahren Lokomotiven fotografiert, hat Wolfgang Schmidt kürzlich das Buch „Privatbahnen" in unserem Verlag veröffentlicht. In Nürtingen, im Süden der Republik, lebt Dipl.-Ing. Stephan Kuchinke, er publiziert für Fachzeitschriften und ist Eisenbahnfreunden als Buchautor bekannt. Ein bekannter Buchautor ist auch Udo Paulitz aus Duisburg, der seit den siebziger Jahren mit seiner Kamera auf der Jagd nach interessanten Feuerwehr-, Traktor- und Eisenbahnmotiven ist. Auch Lothar Spielhoff aus Esslingen hat sich mit etlichen Büchern in der Eisenbahnszene einen Namen gemacht und Axel Winterstein, der in München lebt, ist freier Autor der Süddeutschen Zeitung.

Ihnen, liebe Leserin, lieber Leser, wünschen wir viel Vergnügen mit dem Jahrbuch und nicht vergessen: das nächste Jahrbuch Lokomotiven, die Ausgabe 2004, ist im Oktober 2003 erhältlich. Falls Sie selbst einmal für das Jahrbuch zur Feder greifen möchten, seltenes Bildmaterial zur Verfügung stellen können, Kritik oder Anregungen anbringen möchten, schreiben Sie uns an untenstehende Adresse. Wir freuen uns auf den Kontakt mit Ihnen.

Ihr Redaktionsteam „Jahrbuch Lokomotiven"

P.S.

Sie können das Jahrbuch Lokomotiven in Buchhandlungen oder direkt beim Verlag auch abonnieren. Das erste Jahrbuch Lokomotiven, die Ausgabe 2002, ist noch lieferbar. Fordern Sie unser kostenloses Gesamtverzeichnis mit Büchern über Lokomotiven, Baumaschinen, Lastwagen, Autos, Motorräder, Traktoren und Feuerwehrfahrzeuge an: Verlag Podszun-Motorbücher, Elisabethstraße 23-25, D-59929 Brilon, Telefon 02961 / 53213, Fax 02961 / 2508, Email: verlag.podszun@t-online.de

MaK-Lokomotiven für die Deutsche Bundesbahn

von Stephan Kuchinke

Nach dem Zweiten Weltkrieg hielt das Automobil als neues Vorzeigeobjekt Einzug in die westdeutschen Haushalte. Die Bahn wurde als Beförderungsmittel zunehmend unpopulär – die Einnahmen der jungen DB sprudelten nicht mehr so reichlich. Es musste also gespart werden. Der Einsatz von Diesellokomotiven bot hier gute Ansatzpunkte, die die Bundesbahn auch relativ bald nutzte. Die Maschinenbau Kiel AG (MaK), ein ebenfalls relativ junges Unternehmen, konnte sich bei den Lieferungen zahlreicher unterschiedlicher Baureihen an die DB profilieren. Zwischen 1949 und 1979 entstanden in Kiel 1261 Lokomotiven für die Staatsbahn.

Auferstanden aus Ruinen

Die ersten Worte der Nationalhymne der DDR treffen im Prinzip wesentlich mehr auf die Bundesrepublik und ihre Deutsche Bundesbahn zu. Dank der Aufbauhilfe, die hauptsächlich aus den USA kam, konnten innerhalb einiger Jahre die großen Schäden, die der Krieg im Land hinterlassen hatte, zumindest einigermaßen behoben werden. Der Bahnbetrieb normalisierte sich mit jedem Monat. Als die ersten Schwierigkeiten überwunden waren und sich Anzeichen einer wirtschaftlichen Belebung zeigten, konnte die DB wieder an die Zukunft denken. Bereits vor dem Krieg waren verschiedene Lokomotiven und Triebwagen mit Verbrennungsmotor erfolgreich in Betrieb genommen worden. Den Durchbruch brachte die Einführung der hydraulischen Kraftübertragung sowohl durch die Reichsbahn als auch bei der Typenreihe von Rangierlokomotiven für die Wehrmacht. Eben diese Typenreihe sollte später die Grundlage für den ersten Schritt zur Verdieselung des Bahnbetriebes sein.

Während sich die Entwicklung von Lokomotiven für die Reichsbahn ab 1939 im Wesentlichen auf „kriegswichtige" Dampflokomotiven beschränkte, bauten verschiedene Lokomotivfabriken weiter für die Wehrmacht. Der Vorteil der Diesellokomotiven lag in der kurzfristigen Verfügbarkeit und dem rauchlosen Betrieb – für die Einsatzbedingungen einer Armee äußerst vorteilhaft.

Die Aufteilung Deutschlands in vier Besatzungszonen nach dem verlorenen Krieg sollte auch die Weichen für die weitere Entwicklung stellen. Die DB hatte gegenüber der Reichsbahn dabei wesentliche Vorteile. Nicht nur, dass nahezu alle arbeitsfähigen Lokomotivfabriken westlich der Zonengrenze lagen, auch das einzige Unternehmen mit Erfahrungen beim Bau von hydraulischen Getrieben für Schienenfahrzeuge saß in Baden-Württemberg. Darüber hinaus hatten mit Daimler-Benz, Maybach und der MAN die bedeutensten Hersteller von schnelllaufenden Dieselmotoren ihre Produktionsstätten im Westen. So konnte schnell auf die Erfahrungen der Vorkriegszeit zurückgegriffen werden und nicht alles musste neu durchdacht werden, wie in der DDR.

Angesichts der Erfahrungen im Ausland, allen voran in den Vereinigten Staaten, wollte die Bundesbahn das Potential von Dieseltriebfahrzeugen nutzen und begann zunächst zaghaft mit der Beschaffung entsprechender Fahrzeuge. Zuerst bestellte man einige Nachbauten der für die Wehrmacht entwickelten dreiachsigen Rangierlokomotive, die sich auch für den Streckeneinsatz als nützlich erwiesen hatte. Damit begannen auch die Lieferungen aus Kiel an die DB.

Im Laufe der nächsten Jahre baute die MaK insgesamt 14 verschiedene Baureihen für die Staatsbahn, die damit zum größten Kunden wurde. Die Bauarten reichten von der Rangierlok mit 360 PS über schwere Rangierloks und leichte Streckenloks bis hin zur 2800-PS-Lok für den Hauptstreckeneinsatz.

Daneben konnte die MaK die DB auch für ihren Baukasten von Stangenlokomotiven interessieren und insgesamt 15 Maschinen als Baureihe V 65 liefern.

Die hydraulische Kraftübertragung

Eine deutsche Besonderheit war und ist die hydraulische Kraftübertragung für Diesellokomotiven. Zwar versuchten sich auch andere Bahngesellschaften auf diesem Gebiet, doch keine Staatsbahn hat, mit wenigen Ausnahmen, allesamt Sonderbauarten, so konsequent auf diese Bauform gesetzt. Sämtliche Neubeschaffungen von Diesellokomotiven nach dem Zweiten Weltkrieg, die die Bundesbahn in Auftrag gab, waren mit hydraulischer Kraftübertragung ausgestattet. Noch nicht einmal in der DDR wurde diese global betrachtet als typisch deutsch anzusehende Technologie in diesem Maßstab umgesetzt.

Das hydraulische Getriebe, wie es in Schienenfahrzeugen üblich ist, stellt eine Kombination aus einer oder mehreren hydraulischen Kupplungen bzw. Wandlern und einem mechanischen Getriebe dar. Das hydrodynamische Prinzip wurde zuerst von Hermann Föttinger (1877–1945) in der heute bekannten Form angewendet. Dabei beschränkte der Ingenieur den Flüssigkeitskreislauf auf ein Pumpenrad und eine Turbine direkt nebeneinander in einem Gehäuse; eine mechanische Verbindung zwischen Antrieb und Abtrieb besteht nicht, als Zwischenglied dient eine Flüssigkeit (meist ein Öl). Diese 1905 patentierte Erfindung führte die Firma J. M. Voith als erste im Schienenfahrzeugbau ein. Grundsätzlich lassen sich noch zwei Bauarten der hydrodynamischen Komponenten unterscheiden. Während die leitradlose Kupplung am Abtrieb die gleiche Drehzahl (abzüglich etwa zwei bis drei Prozent Schlupf) liefert, wirkt der mit einem feststehenden Leitrad ausgerüstete Wandler ähnlich einem Zahnradpaar (freilich ohne feste Übersetzung) und übersetzt die Drehzahl und damit das Drehmoment.

Die hydraulische Kraftübertragung bietet den Vorteil, bei einer wesentlich niedrigeren Geschwindigkeit die Forderung nach voller Zugkraft bei 20 Prozent der Höchstgeschwindigkeit zu erfüllen. Auch bei dieselelektrischer Bauart wäre dies möglich gewesen, aber der Aufwand wäre sehr hoch geworden. Bei den Dieseltriebwagen der Reichsbahn konnte die maximale Motorleistung erst bei 7/10 der Höchstgeschwindigkeit übertragen werden. Eine Senkung dieses Wertes auf den geforderten hätte extreme Aufwendungen für die Fahrmotorkühlung mit sich gebracht, die zusammen mit der dann notwendigen stärkeren Auslegung hohe Kosten zur Folge gehabt hätten.

Im Bestand der DB fanden sich lediglich eine Hand voll Diesellokomotiven mit elektrischer Kraftübertragung, alles Erbstücke der alten Reichsbahn oder der Wehrmacht. Neben einigen Kleinlokomotiven aus der frühen Phase bevor der Einheitsentwurf gefunden war, gab es nur noch zwei große Lokomotiven. Die beiden Doppellokomotiven der Baureihe V 188 stammten aus der Fertigung von Krupp und gehörten zu den Geschützzügen der beiden größten Eisenbahngeschützen, von denen lediglich das 80-cm-Geschütz Dora eingesetzt wurde. Die Lokomotiven sorgten für die Stromversorgung und den Verschub auf der Schießkurve. Nach dem Krieg fanden sich insgesamt sechs Lokhälften in Deutschland und den Niederlanden. Daraus bildete die DB zwei funktionsfähige Doppellokomotiven. Beide waren bis in die siebziger Jahre im Einsatz.

Darüber hinaus konnte die Bundesbahn auch auf einige Triebwagen, ebenfalls aus Beständen der alten Reichsbahn, mit elektrischer Kraftübertragung zurückgreifen.

Diesellokomotiven für die DB

Zunächst stellte die Bundesbahn ein Beschaffungsprogramm auf, das hauptsächlich Dieseltriebwagen beinhaltete. Lediglich eine Diesellokomotive sollte entstehen. Mit der Baureihe V 80 betrat man in Bezug auf den Antrieb Neuland, allerdings erfolgreich. Daneben bestellte die DB schon bald eine weitere Diesellok, die im wesentlichen eine verdoppelte V 80 war. Die V 200 besaß zwei Maschinenanlagen, die nahezu vollständig mit der der V 80 übereinstimmten. Beide Baureihen wiesen in den Motoren, der Kraftübertragung und den Hilfsaggregaten weitreichende Ähnlichkeiten mit den damals gebauten Triebwagen auf, lediglich die Anordnung der einzelnen Komponenten orientierte sich an den Platzverhältnissen der Fahrzeuge.

Während das Konzept, dem die V 80 folgte, schon bald als zu breit gefächert erkannt wurde, baute die Bundesbahn die V 200 weiter. Mit der formschönen Baureihe hatte die Staatsbahn ihr Vorzeigeobjekt. Diesen Status behielten die Maschinen bis zum Erscheinen der elektrischen Schnellzuglok der Baureihe 103.

Der nächste Schritt in der Entwicklung der Diesellokomotiven der DB war die Konstruktion einer Nebenbahnlok, deren Betriebskonzept sich an dem der V 80 anlehnte, aber deutlich abgespeckt war. Auf einer gemeinsamen Grundkonstruktion aufbauend sollten drei verschiedene Baureihen entstehen, von denen aber nur zwei verwirklicht wurden. Die aus diesem Ansatz entstandenen Baureihen V 100^{10} und V 100^{20} gehörten lange zum täglichen Bild auf Neben- und Hauptbahnen. Die geplante schwere Rangierlok hätte das vorhandene Fahrgestell wesentlich überlastet, so dass auf einen eigenen Entwurf, die V 90, zurückgegriffen wurde.

Begründer der größten westdeutschen Lokomotivfamilie wurde die Baureihe V 160. Die DB wollte mit der einmotorigen Lok die Lücke zwischen der V 100 und der V 200 schließen und möglichst nur einen leistungsfähigen Motor verwenden. In mehreren weiteren Bauarten weiterentwickelt übertraf die V 160-Familie schon bald die V 200 in der Leistung und fand ihren Höhepunkt mit den über 400 Lokomotiven der Baureihe 218, die bis 1979 gebaut wurde.

An der Entwicklung der Baureihen V 80 und V 200 waren alle Lokomotivfabriken der Bundesrepublik beteiligt, und damit auch die MaK. Dagegen beauftragte die Bundesbahn die MaK mit der Entwicklung der beiden V 100-Bauarten und der V 90. Die Bauarten der V 160-Familie stammten aus dem Hause Krupp in Essen. Die Rangierlokomotiven der Baureihe V 60 wiederum waren eine schnelle Gemeinschaftsentwicklung, die V 65 gehörte dem MaK-Baukasten für Privatbahnlokomotiven an.

Baureihe V 36

Die Baureihe V 36 (ab 1968: 236), die erste Bauart, die das Kieler Unternehmen für die DB baute, wurde bereits vor dem Krieg für die Wehrmacht entwickelt. Das Heer des Dritten Reiches rief 1936 nach einer Rangierlok für ihre Depots. Aus verschiedenen Gründen, die hauptsächlich die Wirtschaftlichkeit und die militärischen Anforderungen betrafen, kam nur eine Motorlokomotive in Frage. Auf Grund unterschiedlicher Einsatzbedingungen der einzelnen Dienststellen entschied man sich beim Heereswaffenamt, das die Entwicklung von Seiten der Wehrmacht betreute, für zunächst vier Bauarten mit unterschiedlichen Leistungen. Die Konstruktion der Lokomotiven übernahm zunächst eine Arbeitsgemeinschaft der Berliner Firmen Schwartzkopff und Orenstein & Koppel. Später kamen für einzelne Typen noch weitere Firmen aus dem Lokomotivbau hinzu.

Die Baumusterlokomotiven entstanden im Herbst des Jahres 1936 und wurden schließlich bis April 1937 ausgeliefert. Neben einer zweiachsigen Maschine mit 360 PS war ein gleichstarkes dreiachsiges Fahrzeug bei Orenstein & Koppel entstanden. Das Heereswaffenamt erprobte beide Lokomotiven noch in der ersten Jahreshälfte. Es zeigte sich, dass zwar beide Maschinen die Anforderungen erfüllten, doch nur die als HR 360 C12 bezeichnete Lok von Orenstein & Koppel für eine weitere Beschaffung in Frage kam. Die Bezeichnungsweise, die das Heereswaffenamt eingeführt hatte, fasste kurz alle wichtigen Informationen zum jeweiligen Typ zusammen. Das für Heerestypenreihe stehende H wurde im Sommer 1937 durch ein W für Wehrmachtstypenreihe ersetzt, weil auch die Luftwaffe Interesse an den Maschinen zeigte und die Entwicklung unterstützte. Das R stand für Regelspur, also eine Spurweite von 1435 mm, 360 gibt die Leistung in PS an und C12 steht schließlich für die Achsfolge und die Achslast in Tonnen. Nach dem selben Schema wurden alle anderen Typenbezeichnungen der Wehrmachtsrangierlokomotiven aufgebaut. Von der HR 360 C12 bestellte die Wehrmacht noch im Mai 1937 zehn weitere Fahrzeuge. Allerdings überarbeitete man den Entwurf noch, was zu einem größeren Dienstgewicht mit einer Achslast von 14 t führte. Mit der dreiachsigen dieselhydraulischen Lokomotive war aber die Standardbauart für die Wehrmachtsrangierlok gefunden. Allerdings entstanden noch drei andere Bauarten, die WR 200 B14, die WR 240 B15 und die WR 550 D14, doch die Bedeutung, die die WR 360 C14 vor allem nach dem Zweiten Weltkrieg erlangte, war wesentlich höher. Die Serienlieferung für Dienststellen der Wehrmacht, aber auch wichtige Industriebetriebe, begann im Februar 1939.

Die WR 360 C14 ist eine dreiachsige Diesellok mit 360 PS Leistung. Als Antriebsmotor schrieb das Heereswaffenamt zwei langsamlaufende Sechszylinder-Motoren von KHD und den Motorenwerken Mannheim vor. Mittels einer flexiblen Kupplung trieb dieser ein hydraulisches Getriebe von Voith an. Diese Form der Kraftübertragung war von der Heidenheimer Firma zur Serienreife gebracht worden. Der Motor konnte ohne Last angelassen werden, bei der WR 360 C14 übrigens mittels Druckluft, dann wurde das Getriebe mit Öl gefüllt, die Lok fuhr langsam an. Das hydraulische Getriebe wirkte auf eine Blindwelle zwischen der zweiten und dritten Achse der Lokomotive. Kuppelstangen trieben schließlich die Achsen an. Der Führerstand lag am hinteren Ende des Fahrzeuges und hatte neben den zwei Seitentüren eine Tür nach vorne zum Umlauf und eine mittige hintere Tür mit Übergangsblech. Unterhalb dieser Tür lag eine Steuerwelle, über die zwei Lokomotiven mechanisch miteinander verbunden werden konnten. Zusammen mit der Tür war es so möglich, zwei Maschinen zu kuppeln und von einem Führerstand aus zu bedienen.

Während des Krieges lieferten verschiedene Hersteller insgesamt 245 Exemplare der WR 360 C14. Das Vorgängerunternehmen der MaK, die Deutschen Werke Kiel, waren mit lediglich fünf Lokomotiven an der Herstellung beteiligt. Die kriegsmäßige Organisation der deutschen Wirtschaft hatte die Lieferung der Lokomotiven, die noch gebaut werden durften, die WR 360 C14 gehörte dazu, auf die verschiedenen Herstellerwerke aufgeteilt. Die zunehmende Zerstörung der Industrie durch die alliierten Luftstreitkräfte zwang bereits um 1943 zu einer Verschiebung der Zuständigkeiten. Die DWK bekamen so Aufträge der etablierten WR-Lokbauer als Auslagerungen. Die fünf in Kiel gebauten Maschinen waren ursprünglich vom Oberkommando des Heeres bei Orenstein & Koppel bestellt worden. Die Auslieferungen an die Heeresdienststellen erfolgten von April bis August 1944. Daneben gab es etwa 40 weitere Bestellungen, die DWK abwickeln sollte, die aber bis zum Kriegsende nicht fertig gestellt werden konnten.

Mit dem Bau der WR 360 C14 begannen die Deutschen Werke Kiel mit dem Bau von dieselhydraulischen Lokomotiven, bisher waren in Kiel nur dieselmechanische Fahrzeuge entstanden. Die fünf „Auslagerungslokomotiven" sind somit als der Beginn einer der Erfolgsgeschichten im deutschen Lokomotivbau zu werten, denn die Wehrmachtslok sollte dem Unternehmen auch nach dem Krieg die erste Arbeit bringen.

Von den fünf bei DWK gebauten Lokomotiven fanden vier den Weg zu den beiden deutschen Staatsbahnen, eine Lok ist verschollen. Die Deutsche Reichsbahn der DDR übernahm insgesamt 28 Maschinen in ihren Bestand, darunter auch als V 36 033 die ehemalige 362005 des Heeres, die unter der Fabriknummer 2005 im Jahr 1944 in Kiel entstanden war. Die Deutsche Reichsbahn in den Westzonen, die später als Deutsche Bundesbahn firmierte, konnte drei DWK-Lokomotiven übernehmen. Als V 36 115 kam eine Lok im September 1945 in den Bestand des Bw Hamburg-Harburg, V 36 117 gehörte schon seit April 1945 zum Bw Remscheid-Lennep, wo sie angeblich als Zuglok eines Eisenbahngeschützes von den Alliierten überrollt wurde. Die V 36 118 schließlich übernahm das Bw Hagen-Eckesey.

Die Reichsbahn im Westen machte mit der eigentlich als Rangierlokomotive gedachten Wehrmachtslok, die nun entsprechend ihrer Leistung als Baureihe V 36 bezeichnet wurde, auch im Streckendienst gute Erfahrungen. So versuchte das Bw Bamberg die von Forchheim ins Wiesenttal laufende Nebenbahn mit einem Abzweig nach Heiligenstadt mit der V 36 vollständig auf Dieselbetrieb umzustellen. Andere Bahnbetriebswerke setzten die Lokomotiven ebenfalls im Personenverkehr ein. Da in Kiel noch angearbeitete Teile für mehrere Maschinen lagen und die V 36 so gut lief, entschloss sich die Reichsbahn zunächst das Angebot der Holsteinischen Maschinenfabrik (Holmag), wie die DWK nun firmierten, anzunehmen und weitere 13 Lokomotiven zu übernehmen. Zwar hatte der Alliierte Kontrollrat zahlreiche Einschränkungen der industriellen Produktion verhängt, darunter auch ein Neubauverbot für Lokomotiven, doch bei 14 Lokomotiven in Kiel und vier bei Deutz in Köln handelte es sich schließlich um die Fertigstellung bereits begonnener Fahrzeuge. Die Reichsbahn bestellte bei Holmag, dem Vorgängerunternehmen der MaK, insgesamt 13 Maschinen. Die Lokomotiven konnten die mit Schadfahrzeugen überhäufte Bahngesellschaft von einigen Sorgen befreien. Im Jahr 1947 lieferte Holmag die Lokomotiven V 36 150 und V 36 251 bis V 36 254, ein Jahr später folgten mit Fabrikschild der Maschinenbau Kiel AG die V 36 255 bis V 36 262.

Während zwölf der neuen V 36 völlig der Wehrmachtskonstruktion entsprachen, unterschied sich die V 36 262 deutlich. Zwar hatten sich die für den militärischen Rangierbetrieb gedachten Fahrzeuge auch im Streckeneinsatz bewährt, doch machte der Baureihe der unruhige Lauf zu schaffen. Daher entschloss sich die Bundesbahn bei einer weiteren Serie, diesem Problem entgegenzutreten. Die verwirklichte Lösung, das Verschieben der dritten Achse von der Blindwelle weg, wurde mit V 36 262 erprobt. Daher lieferte die MaK, damals eigentlich noch MAK abgekürzt, diese Lok mit verlängertem Achsstand, was zu einem ruhigeren Lauf führte. Die Konstruktionsänderung fand dann Eingang in die Lieferung der Baureihe V 36[4].

Die neuen Lokomotiven aus Kiel reihte die Reichsbahn in den Bestand der von der Wehrmacht oder Rüstungsbetrieben übernommenen V 36 ein. Zunächst liefen alle Maschinen im Streckendienst, teils auf Nebenbahnen, aber auch auf Hauptstrecken. Die V 36 des Bw Nürnberg übernahmen beispielsweise auf der Strecke Fürth – Cadolzburg mit zwei Zuggarnituren den gesamten Personenverkehr. Dafür wurden zwei Güterzuggepäckwagen zu Steuerwagen

Baureihe V 36: Die 236 251 entstand 1948 in Kiel und stellt die Standardbauform der Wehrmachtrangierlokomotive dar.
Foto: ILA Barths, Jürgen Wensorra

umgebaut, die Personenwagen erhielten eine Steuerleitung und die Lok konnte den Zug nun schieben.

Im Laufe der Jahre stand der DB schließlich ein immer mehr wachsender Park an neuen Streckenlokomotiven zur Verfügung, so dass die V 36 langsam in den Rangierdienst abwanderten.

Ein grundlegendes Problem der Baureihe war die notwendige Bedienung durch zwei Personen. Die Lokomotiven konnten nur von der rechten Führerstandseite bedient werden, da der Vorbau dem Lokführer aber die Sicht auf die linke Streckenseite (bei Vorwärtsfahrt) nahm, musste immer ein Beimann mitfahren. Um dieses Problem aus der Welt zu schaffen, begann die DB die V 36 auf Einmannbedienung umzubauen. In der ersten Ausführung, als Bauart „Rosenheim", benannt nach dem Ursprungsort, hatten die Lokomotiven ein Kanzel auf dem Führerstandsdach, der Lokführer stand auf dem bisherigen Führerpult, die Bedienungseinrichtungen steuerten Ketten an. Insgesamt 20 der V 36 erhielten die Dachkanzel, darunter aber nur drei in Kiel gebaute. Wesentlich weitere Verbreitung fand die Bauart Opladen, bei der einfach eine zweite Bedienmöglichkeit auf der linken Seite geschaffen wurde. Unter den 55 umgebauten V 36 finden sich elf Maschinen aus Kiel, darunter zwei, die zuvor eine Dachkanzel hatten.

Während die fünfziger Jahre der Höhepunkt der V 36 im Streckendienst war, wanderten die Lokomotiven im folgenden Jahrzehnt in den Rangier- und Baudienst ab. Die siebziger Jahre brachten schließlich den großen Abschied der Baureihe. Die Ausmusterungswelle setzte 1974 ein, knapp sechs Jahre später gab es fast keine V 36 mehr bei der Deutschen Bundesbahn. Die letzte V 36 war mit 236 253 eine der von Holmag gebauten Nachkriegslokomotiven.

Es sei noch nachgetragen, dass sich nach dem Krieg als Baureihe V 36[3] insgesamt zehn dreiachsige, dieselmechanische Lokomotiven aus Kieler Fertigung im Bestand der Bundesbahn fanden. Die Maschinen waren für Dienststellen der Wehrmacht gebaut worden und entsprachen der DWK-Bauart 360C. Lange konnten sich die Außenseiter nicht bei der Staatsbahn halten, sie gelangten schließlich zu Privatbahnen.

Die V 36 ist eine der beliebtesten Diesellokomotiven bei Museumsbahnen. Nicht nur ehemalige DB-Fahrzeuge fanden den Weg zu Eisenbahnfreunden, sondern auch zahlreiche Maschinen von Industriebetrieben und aus Militärbestanden hauptsächlich der britischen Truppen. Der wohl interessanteste Querschnitt durch die Geschichte dieser Bauart lässt sich

Baureihe V 36:

Fabriknummern	Betriebsnummern	Baujahr
2006	V 36 150	1947
2007 – 2010	V 36 251 – V 36 254	1947
2011	V 36 256	1947
2012	V 36 255	1948
2014 – 2019	V 36 257 – V 36 262	1948

bei der Dampfbahn Fränkische Schweiz e. V. beobachten. Der Verein, der die Strecke Ebermannstadt – Behringersmühle in der Fränkischen Schweiz betreibt, besitzt eine Originalmaschine aus den Beständen der Britischen Rheinarmee. Die als Leihgabe der DB bei der Museumsbahn fahrende V 36 123 hat eine Dachkanzel, die nicht betriebsfähige, ebenfalls der DB gehörende, V 36 108 hat eine Einmannbedienung mit linksseitiger Steuerung. Von den DWK-, Holmag- und MaK-Lokomotiven blieben lediglich zwei ehemalige DB-Fahrzeuge erhalten, V 36 255 und V 36 262 aus der Serie von 1948.

Baureihe V 36^4

Da sich die Wehrmachtslokomotiven im täglichen Einsatz bei der Reichsbahn bewährt hatten, dachte man auch an eine Weiterbeschaffung. Allerdings sollte das Problem der schlechten Laufeigenschaften zumindest verbessert werden. Da der Versuch mit einem längeren Achsstand bei der V 36 262 Erfolg hatte, wurde diese Änderung für die 18 neuen Maschinen übernommen. Die Reichsbahn bestellte daher eine weitere Serie in Kiel, die schließlich 1950 an die neue Bundesbahn abgeliefert wurde. Die Nachbauserie unterschied sich noch in einigen Details von der ursprünglichen Konstruktion, die Option, die Leistung auf 400 PS zu steigern, hatte man aber nicht wahrgenommen. Die ersten 16 Maschinen kamen nach Fankfurt, V 36 417 und V 36 418 kurzzeitig nach Bamberg. Die Einsätze der V 36^4 unterschieden sich kaum von denen der älteren V 36. Auch die Neubauserie erhielt die zwei Bauarten der Einmannbedienung, wobei mit V 36 416 und V 36 418 nur zwei eine Kanzel besaßen, alle anderen bekamen die linkseitige Bedienung ohne Kanzel auf dem Führerhausdach.

Die 18 Lokomotiven begannen ihre Karriere in Frankfurt, wurden aber wenig später in mehrere andere Bahnbetriebswerke zerstreut, darunter Darmstadt, Wuppertal, Wiesbaden und Gießen, aber auch kurzzeitig Nürnberg. Ihre letzten Jahre verbrachten sie wieder in Frankfurt, wo als letzte 236 405 im Jahr 1981 ausgemustert wurde. Bei Museumsbahnen blieben insgesamt fünf V 36^4 erhalten.

Baureihe V 36^4

Fabriknummern	Betriebsnummern	Baujahr
360010 – 360027	V 36 401 – V 36 418	1950

Baureihe V 80

Fabriknummern	Betriebsnummern	Baujahr
800001 – 800004	V 80 006 – V 80 009	1951
800005	V 80 010	1952

Baureihe V 80

Von der Baureihe V 80 (ab 1968: 280) lieferte die MaK mit fünf Lokomotiven die Hälfte aller gebauten Fahrzeuge. Die andere Hälfte entstand in München bei Krauss-Maffei.

Die ersten Überlegungen für die Beschaffung von Dieseltriebfahrzeugen der DB umfasste zunächst fast ausschließlich Triebwagen. Dies ist in Anbetracht der vorhandenen Erfahrungen nicht unbedingt verwunderlich, da es bisher in Deutschland mit der V 140 001 nur eine wirklich geeignete Strecken-Diesellok gegeben hatte, dafür aber zahlreiche Triebwagen täglich im Einsatz standen. Die Überlegungen setzten jedoch auch an einem anderen Punkt an. Während die Triebwagen ihrem Einsatzgebiet entsprechende Einrichtungen für Fahrgäste haben mussten (es waren aber auch Gütertriebwagen vorgesehen) konnte eine Lokomotive für verschiedene Einsatzzwecke ausgelegt werden. So sollte auch eine Universallok mit einer Leistung von etwa 800 PS entstehen.

Kernstück der neuen Lokomotive war die einheitliche Maschinenanlage, die in allen Neuentwicklungen verwendet wurde. Die Federführung bei der Verwirklichung hatte das BZA München, beteiligt waren neben den Herstellern einzelner Komponenten auch nahezu alle namhaften Lokomotivfabriken. Die Auslegung des Antriebsstranges hielt aber die DB selbst in den Händen.

Mit der V 80 sollte ein Konzept verwirklicht werden, dass es überflüssig machte, verschiedene Bauarten von Diesellokomotiven vorzuhalten. Die Planungen sahen vor, lediglich eine Aufteilung nach Leistungsbereichen vorzunehmen. Das Aufgabengebiet der V 80 legte die DB sehr großzügig aus. Neben dem Streckendienst auf Haupt- und Nebenbahnen gehörte auch der schwere Rangierdienst zu den Anforderungen. Entsprechend umfangreich wurde die Ausrüstung. Neben einem Kessel für die Zugheizung gehörte auch eine Vielfachsteuerung dazu, die es ermöglichte, eine weitere Lokomotive fernzusteuern, oder die Lok unbesetzt den Zug schieben zu lassen – der Lokführer saß dabei in einem Steuerwagen. Eine

Baureihe V 80: Die zehn Lokomotiven der Baureihe V 80 verkehrten ab 1963 nur noch in der Umgebung von Bamberg.

Foto: K. H. Sprich, ILA Barths

Baureihe V 80: Zunächst waren die Lokomotiven als Universallok gedacht, doch schon bald kamen sie hauptsächlich auf Nebenbahnen im Personen- und Güterverkehr zum Einsatz.

Foto: K. H. Sprich, ILA Barths

Baureihe V 80: Die 280 010 kam nach der Ausmusterung bei der DB zunächst zur Hersfelder Kreisbahn. Dort war sie für wenige Jahre zusammen mit der ebenfalls bei MaK gebauten V 32 im Steckendienst.

Foto: K. H. Sprich, ILA Barths

Klingelleitung konnte für einen vereinfachten Wendezugbetrieb verwendet werden, bei dem dem Lokführer der schiebenden Lok Befehle übermittelt wurden.

Später erwies sich als nachteilig, dass alle damals entwickelten Dieseltriebfahrzeuge eine einheitliche maschinelle Ausrüstung besaßen. Sowohl die Triebwagen als auch die Baureihe V 80 und auch die Vorserie der Baureihe V 200 hatten die gleichen Motoren, Getriebe und Hilfsmaschinen. Eben diese erwiesen sich mit ihrem elektrischen Antrieb als sehr aufwendig, so dass dieses Prinzip bald wieder verlassen wurde. Neben drei verschiedenen Motoren, solche von MAN, Daimler-Benz und Maybach, konnten in alle Lokomotiven wahlweise auch hydraulische Getriebe von Voith oder Maybach eingebaut werden. Im Gegensatz zur V 200 bewährte sich aber in der V 80 nur das Getriebe von Voith. Der Unterschied der beiden Bauarten bestand in dem System, die Übersetzung zu erreichen. Während beim Voith-Getriebe drei hydraulische Wandler wechselweise geschaltet waren, besaß das Maybach-Getriebe nur einen Wandler. Die drei Gänge erreichten die Konstrukteure über ein mechanisches Schaltgetriebe. Beim Schalten, das abhängig von der Fahrgeschwindigkeit selbsttätig geschah, krachte die ganze Lok, da die Zahnräder mittels Klauen mit der Welle verbunden wurden. Dieses Prinzip kommt heute wieder verstärkt in Triebwagen für Regionalbahnen zum Einsatz.

Insgesamt gelang die Baureihe V 80. Es zeigten sich einige Probleme, die allerdings recht schnell behoben werden konnten. Die Maschinenanlage bewährte sich, allerdings erreichte die DB nicht ganz die erwarteten Einsparungen durch den Einsatz der Lokomotiven, da die Kesselanlage für die Zugheizung nicht ohne Überwachung durch einen Beimann betrieben werden durfte. So fuhren zumindest im Winter immer zwei Mann auf der V 80. Die Universallok, die sich die Bundesbahn gewünscht hatte, wurde die Baureihe jedoch nicht. Im Rangierdienst zeigte sich als Nachteil eine gewisse Unübersichtlichkeit der Lok durch die breiten Vorbauten, die genaues Heranfahren an stehende Wagen erschwerte. Außerdem benötigte man den schweren Heizkessel am Ablaufberg nicht. Für den Einsatz auf Nebenbahnen schließlich war die Wendezugsteuerung überflüssig eingesetztes Kapital. Obwohl die Technik der Lok überzeugte, schlug das Einsatzkonzept fehl, mit einer einzigen Baureihe konnte es nicht verwirklicht werden. Es blieb also bei zehn Maschinen.

Die MaK beteiligte sich bereits in der Konstruktionsphase an diesem grundlegenden Fahrzeug. Ebenso konnte das Unternehmen beim Bau teilhaben. Die fünf Lokomotiven entstanden im Herbst 1951 und Frühjahr 1952. Weitere fünf Maschinen kamen aus München von Krauss-Maffei. Die zehn V 80 fuhren nach der Abnahme für die Bahnbetriebswerke Frankfurt-Griesheim und Bamberg, wobei mit sechs Lokomotiven der Schwerpunkt in Frankfurt lag.

Nachdem die Erprobungen in allen vorgesehenen Einsatzfeldern ergeben hatten, dass die neue Baureihe für den Rangierbetrieb zu teuer und zu unübersichtlich war, konzentrierte die DB die Einsätze auf den schnellen Personenverkehr um die Städte Frankfurt und Nürnberg. Die von Frankfurt-Griesheim, einem der größten Diesel-Bahnbetriebswerke der Bundesrepublik, aus eingesetzten Maschinen übernahmen Dienste auf den Strecken nach Bad Homburg, Kronberg und Bad Soden. Alle Leistungen wurden mit Wendezügen gefahren, wobei anfangs die Garnitur für Bad Soden aus älteren zweiachsigen Wagen, den „Donnerbüchsen", bestand und die schiebende V 80 vom Beiman nach Anweisungen des Lokführers im Steuerwagen bedient wurde. Von Frankfurt Hbf aus teilten sich fünf Garnituren die Nahverkehrszüge nach Bad Homburg und Kronberg. Davon bespannten die V 80 drei, die beiden anderen hatten Dampflokomotiven der Baureihe 78 als Zuglok. Alle Züge verkehrten als Wendezüge, wobei die schiebenden V 80 unbesetzt waren und direkt gesteuert wurden. Die 78 schoben mit indirekter Steuerung durch den Heizer. Die Frankfurter Lokomotiven hatten aber auch einen langlaufenden Eilzug zu fahren, der von Frankfurt Hbf nach Köln Hbf und zurück verkehrte. Dabei zogen und schoben die V 80 Garnituren aus Vorkriegs-Beiwagen zu Dieseltriebwagen. Während einer Fahrt musste viermal die Fahrtrichtung gewechselt werden. Die Wendezugsteuerung der V 80 brachte auf dieser Strecke einen wesentlichen Zeitgewinn.

Die vier in Bamberg stationierten Lokomotiven kamen von Nürnberg aus mit Eilzügen auf nahezu allen Hauptbahnen zum Einsatz. Lediglich die elektrifizierten Strecken in Richtung Bamberg, Regensburg und München gehörten nicht zum Einsatzgebiet, dessen entfernteste Wendebahnhöfe im Westen Dombühl, im Norden Pegnitz und im Osten Amberg waren. Täglich gehörten drei V 80 mit Wendezügen zum Alltag in Nürnberg. Speziell für die V 80 war 1953 ein Zug mit fünf Eilzugwagen der Vorkriegszeit umgebaut worden. Ein Wagen hatte einen Führerstand erhalten, die anderen vier eine Steuerleitung. Wie die Zuglokomotive waren die Wagen in roter Farbe gehalten. Bald kamen noch zwei weitere Garnituren aus neuen Eilzugwagen hinzu, die allerdings im konventionellen Grün lackiert waren.

Die Einsätze im hochwertigen Nahverkehr dauerten bis 1963. Durch die Anlieferung zahlreicher neuer V 100 wurden die V 80 in Frankfurt entbehrlich und kamen nun geschlossen zum Bw Bamberg. Das Bahnbetriebswerk konzentrierte die Einsätze nun auf den Nebenbahnen im Umland der Domstadt. Bis etwa 1970, als sich eine weitere Veränderung abzeichnete, waren die V 80 das Mädchen für Alles im westlichen Oberfranken. Während der Großteil der Lokomotiven die beiden von Forchheim ausgehenden Strecken nach Behringersmühle bzw. Heiligenstadt und Höchstadt/Aisch befuhren, gehörten auch die Nebenbahnen von Strullendorf nach Schlüsselfeld bzw. Ebrach, von Bamberg nach Scheßlitz, von Breitengüßbach nach Maroldsweissach und von Hassfurt nach Hofheim zum Einsatzgebiet. Daneben befuhren die Lokomotiven auch die Hauptbahn Bamberg – Schweinfurt.

Gegen 1970 verlagerte sich der Schwerpunkt allerdings für einige Jahre nach Coburg. Das dortige Bahnbetriebswerk hatte mit den letzten Dampflokomotiven die Lokunterhaltung aufgegeben und setzte nun die Bamberger V 80 ein. Täglich waren so sechs Maschinen in der Umgebung von Coburg auf allen Strecken im Einsatz. Zwei weitere V 80 beschäftigten sich mit Personen- und Güterzügen auf den Nebenstrecken um Forchheim.

Kurz vor der Abstellung der gesamten Baureihe verlagerten sich die Einsätze nochmals nach Bamberg, wo alle zehn Lokomotiven noch einmal intensiv auf nahezu allen Nebenbahnen zum Einsatz kamen. Doch in den Jahren 1976 bis 1978 wurden alle V 80 abgestellt und ausgemustert. Das Bw Bamberg gab mit den Lokomotiven auch die Lokunterhaltung auf.

Während die von Krauss-Maffei gebaute V 80 002 als Museumslok bei der DB verblieb, gelangten alle anderen Lokomotiven nach Italien. Die V 80 010 machte dabei einen Umweg über die Hersfelder Kreisbahn, wo sie einige Zeit im Betrieb war.

Baureihe V 60

Von der Baureihe V 60 bestellte die DB zwischen 1955 und 1964 insgesamt 942 Lokomotiven. Die MaK war am Bau mit mehr als einem Drittel der Gesamtmenge, insgesamt 382 Fahrzeugen beteiligt. Daneben fertigten Krupp, Henschel, Krauss-Maffei, Jung, die Maschinenfabrik Esslingen, KHD und Gmeinder jeweils zwischen drei und 252 Exemplaren.

Die Entwicklung dieser Baureihe, die für den mittelschweren Rangierdienst konzipiert war, stellte ein gewisses Novum im deutschen Lokomotivbau dar. Bisher gab es nur wenige reine Rangierlokomotiven, die speziell für diesen Einsatzweck vorgesehen waren. Als einzige Länderbahn hatte die Bayerische Staatsbahn mit den Gattungen R 3/3 und R 4/4 Rangierlokomotiven geschaffen und damit Bayern eine Vorreiterrolle beschert. Alle anderen deutschen Staatsbahnen verwendeten ausgediente Streckenlokomotiven für den Rangierbetrieb. Diese Fahrzeuge waren nicht speziell für die Bedürfnisse dieses Einsatzes entwickelt worden, sondern stellten häufig auch „Notnägel" dar. Erst die Deutsche Reichsbahn forcierte den Einsatz spezieller Rangierlokomotiven und lies gleich mehrere Bauarten entwickeln. Neben den Dampflokomotiven der Baureihen 80, 81 und 89^0 entstanden bis kurz vor den Zweiten Weltkrieg mit der E 60 und der E 63 zwei elektrische Rangierlokbaureihen. Allerdings verhinderte der Krieg die bereits eingeleitete umfangreiche Beschaffung dieser Bauarten. Für den leichten Rangierdienst hatte die Reichsbahn bereits zahlreiche Kleinlokomotiven im Bestand, die eine Leistung von bis zu 150 PS hatten. Die MaK bzw. ihre Vorgänger haben aber keine Kleinlok gebaut.

Die Bundesbahn stand nun Anfang der fünfziger Jahre vor dem Problem, im Rangierdienst eine Vielzahl von teils recht alten Dampflokomotiven einsetzen zu müssen. Daher strebte sie danach, möglichst schnell eine Diesellokomotive zu beschaffen, die diesen unwirtschaftlichen Betrieb bedeutend rationalisieren konnte.

Daher griff man bei der Konstruktion auf die Erfahrungen der V 36 zurück und ging nicht zu einem Antrieb mit Gelenkwellen über. Die Kraftübertragung von einem hydraulischen Getriebe über Stangen auf die Achsen war erprobt und bewährt.

Die Entwicklung der neuen Lokomotiven übernahm eine Arbeitsgemeinschaft der Lokfabriken MaK, Krupp, Henschel, Krauss-Maffei, Jung, Deutz, Gmeinder und der Maschinenfabrik Esslingen. Die vier Prototypen V 60 001 bis V 60 004 lieferten Krupp, Krauss-Maffei, MaK und Henschel, die V 60 003 entstand in Kiel. Jeweils zwei Lokomotiven wur-

Baureihe V 60: Die erste V 60 in Bamberg war die von MaK gebaute V 60 121, hier an der Dieseltankstelle des Bahnbetriebswerkes.

Sammlung Stephan Kuchinke

Baureihe V 60: Die leichteren V 60 wurden nach 1968 als Baureihe 260 geführt. 260 156 im September 1980 in Karlsruhe.

Foto: Günther Barths

Baureihe V 60: Als Baureihe 261 reihte die DB die schweren V 60 nach der Umstellung auf EDV-gerechte Bezeichnungen ein. 261 241 am 22. April 1975 in Düsseldorf.

Foto: Günther Barths

Baureihe V 60: Neben der ursprünglichen roten Farbgebung bekamen die V 60 in den siebziger Jahren mehr und mehr die neuen ozeanblau-beigen Farben. Die auf Funkfernsteuerung umgebauten schwere V 60 mit der Betriebsnummer 365 623 steht am 1. Juli 1993 in Kronach.

Baureihe V 60: Das mittlerweile dritte Farbkleid, nun in einem hellen Rot, trägt die 360 233, die im Winter 1998 an der alten Militärrampe des Bahnhofs Bamberg auf weitere Aufgaben wartet.

den den Bahnbetriebswerken Hamburg-Harburg (darunter die MaK-V 60) und Nürnberg zugeteilt und kurz, aber intensiv erprobt. Schon wenig später begannen die Serienlieferungen, die erste Serien-V 60 nahm 1956 den Dienst auf. Es folgten bis 1963 insgesamt 942 Lokomotiven in zwei Ausführungen. Während der größte Teil der Maschinen, in Summe 623 Exemplare, ein Dienstgewicht von 48,3 t aufwiesen, hatte der Rest ein Dienstgewicht von 54 t, was durch stärkere Rahmenwangen und Stirnbleche erreicht wurde. Die Betriebsnummern der leichten und schweren Ausführung unterschieden sich nicht, beide trugen die Baureihenbezeichnung V 60. Erst mit Einführung der EDV-gerechten Betriebsnummern unterschied man die Bauarten in die Baureihe 260 für die leichten V60 und Baureihe 261 für die schweren V60.

Bereits während der Auslieferung der ersten Serie, die 275 Maschinen umfasste, verbreitete sich die V 60 im ganzen Bundesgebiet. Sie löste zahlreiche alte Dampflokomotiven ab und gestaltete so den Rangierbetrieb wesentlich kostengünstiger. Es folgten noch fünf weitere Serien. Das Einsatzgebiet reichte vom Rangierdienst auf Rangierbahnhöfen bis zu kurzen Güterzügen im Nahbereich, kaum ein größerer Bahnhof kam ohne die V 60 aus.

Die erste Ausmusterungwelle erfasste die Baureihe Mitte der achtziger Jahre. Der zurückgehende Güterverkehr machte die Rangierloks langsam überflüssig. Allerdings fanden die robusten Lokomotiven zahlreiche Interessenten im Ausland.

Im Oktober 1987 nummerte die DB ihre V 60 zu Kleinlokomotiven der Baureihen 360 und 361 um. Damit konnten die Maschinen auch von Kleinlokbedienern gefahren werden, bisher war dazu ein ausgebildeter Lokführer notwendig. Eine weitere Rationalisierung brachte der Einbau einer Funkfernsteuerung, durch die die Lok von außen gefahren werden konnte. Die Umbauaktion erfasste nahezu alle noch vorhandenen V 60. Die fernsteuerbaren Maschinen erhielten die Baureihenbezeichnungen 364 und 365. Weitere neue Baureihen entstanden durch die Ausstattung der V 60 mit neuen Motoren und verschiedenen Verbesserungen mit den Baureihen 362 und

Baureihe V 60: Im derzeit aktuellen Farbkleid der DB Cargo präsentiert sich die 363 133, eine remotorisierte, auf Funkfernsteuerung umgebaute schwere V 60 aus Kiel.

Foto: Günther Barths

Baureihe V 60			
Fabriknummern	Betriebsnummern	Baujahr	Bauart
600001	V 60 003	1955	schwer
600019 – 600020	V 60 017 – V 60 018	1956	leicht
600021 – 600056	V 60 101 – V 60 136	1956 – 1957	leicht
600057	V 60 1001	1957	leicht
600058 – 600099	V 60 137 – V 60 178	1957	leicht
600100 – 600117	V 60 1002 – V 60 1019	1957 – 1958	leicht
600118	V 60 400	1958	leicht
600159 – 600191	V 60 401 – V 60 433	1958 – 1959	leicht
600192 – 600209	V 60 434 – V 60 451	1959	schwer
600210 – 600329	V 60 621 – V 60 740	1959 – 1960	schwer
600352 – 600389	V 60 905 – V 60 942	1961	leicht
600390 – 600396	V 60 030 – V 60 036	1962	leicht
600397 – 600401	V 60 900 – V 60 904	1962	leicht
600416 – 600465	V 60 1101 – V 60 1150	1963	schwer
600468 – 600477	V 60 1232 – V 60 1241	1963 – 1964	schwer

363, wobei immer die niedrigere Baureihe die leichten Fahrzeuge umfasst. Inzwischen ist der Bestand der V 60 immer weiter gesunken, es finden sich beispielsweise keine einzige 361 mehr im Bestand der DB. Mit den Veränderungen im Güterverkehr Anfang 2002 konnten wiederum zahlreiche Lokomotiven abgestellt werden. Im Januar 2002 gab es noch 504 Lokomotiven, davon 37 Exemplare der Baureihe 360. Insgesamt 45 Maschinen gehörten zur neumotorisierten, funkfernsteuerbaren Baureihe 362, ihr schwereres Pedant, die Baureihe 363, zählte 104 Stück. Die Baureihen 364 und 365, fernsteuerbare Lokomotiven mit altem Motor, zählten noch 146 und 172 Exemplare. Bisher ist noch kein Nachfolger für die V 60 in Sicht und die neumotorisierten 362 und 363 sollen noch einige Jahre im Einsatz bleiben. Offizielle Museumslok ist die von MaK gebaute 360 150, die 1985 zu den Jubiläumsparaden wieder die alte rote Farbgebung erhalten hatte und bis vor kurzem noch im täglichen Einsatz in Nürnberg stand.

Baureihe V 65

Die 15 als Baureihe V 65 eingeordneten Maschinen stellten im umfangreichen Fahrzeugpark der Bundesbahn eine Besonderheit dar. Die Lokomotiven waren die einzigen Triebfahrzeuge, die nicht speziell für die DB entwickelt worden waren, sie stammten aus dem bekannten MaK-Baukasten für Privat- und Industriebahnen.

Baureihe V 65		
Fabriknummern	Betriebsnummern	Baujahr
600004 – 600018	V 65 001 – V 65 015	1955 – 1956

Die 650 PS starke V 65 sollte zunächst die Lücke unterhalb der V 80 schließen, doch blieb es ebenfalls bei einer kleinen Lieferung. Es zeigte sich bald, dass die Leistung zu gering für den Nebenbahndienst war. Während zunächst über eine Modifikation der Lok mit einfachen Drehgestellen nachgedacht wurde, fiel recht bald die Entscheidung, eine neue Lok zu entwickeln.

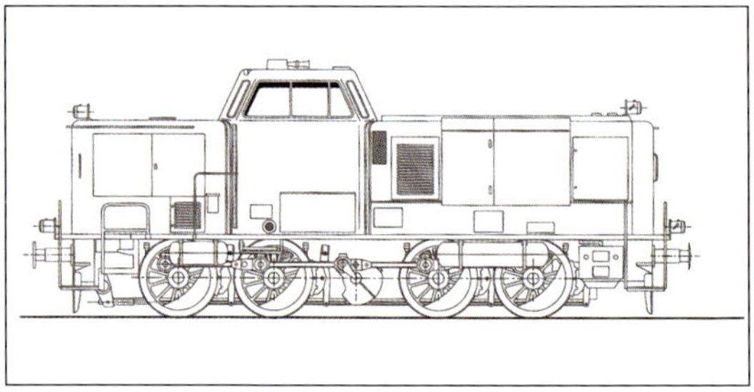

Baureihe V 65: Die Baureihe V 65 ist eine 650 PS starke Variante der 600D aus dem ersten MaK-Baukasten.
Zeichnung: Stephan Kuchinke

Die 15 Lokomotiven der Baureihe V 65 verkehrten zunächst im Streckendienst vom Bw Marburg aus, ehe sie in den Rangierdienst rund um Hamburg abwanderten. Als letzte Lok schied 1980 die 265 004 aus. Erhalten geblieben sind V 65 001 in Osnabrück und V 65 011 im Museum Bochum-Dahlhausen als Leihgabe der DB.

Baureihe V 65: Ihre letzten Tage verbrachten die V 65 in Hamburg im Rangierdienst. 265 012 verschiebt am 17. April 1976 in Hamburg-Diesbteich Postwagen.
Foto: ILA Barths, K. H. Sprich

Baureihe V 200

Für die Bundesbahn war die V 200 lange Jahre das Paradepferd. Die Lok, modern und äußerlich gut gestaltet, kam vor den wichtigsten Zügen zum Einsatz.

Ihre Entwicklung begann etwa zeitgleich mit der der Baureihe V 80. Von Seiten der Antriebsanlage war die V 200 eine verdoppelte V 80. Neben den Motoren und den Getrieben entsprachen bei den fünf ersten Lokomotiven auch die Hilfseinrichtungen der kleineren Diesellok. Jeder Motor trieb über ein hydraulisches Getriebe ein Drehgestell an, zwischen den beiden Aggregaten brachten die Konstrukteure den Dampfheizkessel unter.

Die DB bestellte zunächst fünf Vorserienlokomotiven, die Krauss-Maffei baute. Nach der Lieferung zwischen November 1953 und Februar 1954 fuhren die als V 200 001 bis V 200 005 bezeichneten Maschinen von Frankfurt aus im hochwertigen Reisezugdienst. Neben drei unterschiedlichen Motoren hatten die Lokomotiven auch zwei verschiedene Getriebe, ebenso wie die Baureihe V 80. Während das Maybach-Getriebe bei der V 80 Schwierigkeiten machte und bald getauscht werden musste, bewährte es sich in der V 200.

Nach den positiven Ergebnissen der Erprobung bestellte die DB weitere 50 Lokomotiven, die allerdings in zahlreichen Punkten überarbeitet wurden. So entstand eine modifizierte Drehgestellkonstruktion und die Hilfsantriebe erhielten statt des elektrischen Antriebs einen hydraulischen. Auch das äußere Erscheinungsbild änderte sich geringfügig, nicht jedoch die optisch ansprechende Form mit den bauchigen Vorbauten.

Die MaK lieferten ihren Anteil an der ersten Serie, die 20 Lokomotiven V 200 006 bis V 200 025, zwischen September 1956 und Dezember 1957 ab. Im Jahr 1959 baute Krauss-Maffei nochmals 31 Lokomotiven, so dass insgesamt 86 Lokomotiven der Baureihe in Dienst gestellt wurde. Schon von weitem

Baureihe V 200

Fabriknummern	Betriebsnummern	Baujahr
2000006 – 2000025	V 200 006 – V 200 025	1956 – 1957

Baureihe V 200: Aufgabe der Baureihe V 200 war der schwere Schnellzugdienst, den die Lokomotiven dank der Vielfachsteuerung auch in Doppeltraktion fahren konnten. Im Jahr 1970 begegnete die 220 023 dem Fotografen in Mainz-Mombach. Foto: Günther Barths

Baureihe V 200: Nachdem die DB auf die zweimotorigen Lokomotiven verzichten konnte, fanden sich einige Interessenten, darunter auch Privatbahnen in Italien. Die V 200 011 verschlug es als 220 011-1 zur Ferrovia Suzzara – Ferrara; 20. Juni 1985. Foto: Günther Barths

konnte man die V 200 ihrem Hersteller zuordnen, denn die MaK hatte das mit der Zierleiste gebildete V wesentlich flacher als Krauss-Maffei ausgeführt. Mit dem Abbau der Zierleisten verschwand dieser markante Unterschied jedoch.

Hochburgen des V 200-Einsatzes in den ersten Jahren waren Frankfurt und Hamburg. Von den beiden Städten aus versehen die Lokomotiven Dienst vor schweren Schnellzügen, die V 200 wurde zum Vorzeigeobjekt der DB. Alle Maschinen hatten eine Wendezugsteuerung, die in Hamburg auf der Strecke von Hamburg nach Lübeck auch ausgiebig zum Einsatz kam.

Durch die zunehmende Elektrifizierung der wichtigsten Hauptstrecken, wanderte die V 200 jedoch langsam in niedere Dienste ab. Zunächst kamen die Maschinen auch ausgiebig im Schwarzwald zum Einsatz, aber auch hier machte sie der Fahrdraht überflüssig. Im Jahr 1975 löste die DB die V 200-Bestände in Süddeutschland (Villingen und Würzburg) auf. Damit kamen alle Lokomotiven in den Norden. Die Bahnbetriebswerke Offenburg und Lübeck setzten die V 200 bis zu ihrem Ende ein. In der zweiten Hälfte der siebziger Jahre setzte die Ausmusterung ein. Verschiedene Maschinen gelangten zu Baufirmen, aber auch die Schweizerischen Bundesbahnen deckten

Baureihe V 200: Museumslok der DB wurde die V 200 007, hier im Sommer 1994 in Schweinfurt.

sich mit sieben Lokomotiven ein, darunter allein fünf aus Kieler Fertigung. Die letzten V 200 schieden Ende 1984 aus dem Bestand der DB, unter den vier letzten befanden sich noch drei von MaK. Erhalten geblieben sind unter anderem drei V 200 aus Kiel.

Baureihe V 100^{10}

Mit der Baureihe V 100, die zunächst in drei Unterbaureihen gegliedert werden sollte, versuchte die Deutsche Bundesbahn nach der V 80 wieder an den Gedanken einer universellen Diesellok anzuknüpfen. Dies gelang allerdings nur teilweise.

Die Erfahrungen mit der Baureihe V 80 veranlassten die DB, einige Veränderungen im Aufbau vorzunehmen. Zwar war die Grundkonzeption der neuen Lokomotive fast identisch, doch die Verbesserungen waren weitreichend. Mit der Entwicklung der V 100 wurde die MaK beauftragt.

Nach den ersten Einsätzen der Triebfahrzeuge der ersten Beschaffungen, darunter auch der V 80 und der V 200, stellte die DB ein Typenprogramm für Diesellokomotiven auf, das eine etwa 1000 PS starke Lokomotive für den schweren Nebenbahndienst vorsah. Grundsätzlich wäre die V 80 auch für diese Aufgaben eine taugliche Konstruktion gewesen, doch die umfangreiche Ausrüstung und die im Zuge der Vereinheitlichung mit elektrischen Antrieben ausgestatteten Hilfseinrichtungen sollten wesentlich vereinfacht werden. Die ersten Planungen sahen noch eine modifizierte V 65 mit einfachen Drehgestellen vor, doch konnte diese Ausführung nicht alle Anforderungen erfüllen. Daher setzte die DB auf eine völlige Neukonstruktion, die sich jedoch bei weitgehend gleichem Fahrzeugteil in drei Unterbauarten gliedern sollte. Als erstes wurde die später als V 100^{10} bezeichnete Bauart verwirklicht.

Gegenüber der V 80 unterschieden sich die V 100 nicht nur äußerlich. Zwischenzeitlich war man davon abgegangen, die Lokomotiven rein nach formgestalterischen Gesichtspunkten zu gestalten, sondern hatte auch den Betriebswert im Auge. Daher reichen die Vorbauten der V 100 nicht mehr über die gesamte Breite der Maschine, der Motor und die anderen Anlagen sind von außen über Klappen einfacher zugänglich. Die Antriebsanlage unterscheidet sich nicht sonderlich von der der V 80. Die bewährten Dieselmotoren von Daimler-Benz und Maybach trieben wiederum ein Strömungsgetriebe von Voith an. Dieses allerdings lag nun wesentlich tiefer im Rahmen.

Baureihe V 100^{10}: Die ursprüngliche Farbgebung der Baureihe V 100^{10}; 211 024 im Jahr 1984 in Bamberg.

Dadurch konnten die langen Gelenkwellen zu den Drehgestellen günstiger ausgeführt werden. Auf das Verteilergetriebe, dass bei der V 80 etwa mittig über den Drehgestellen seinen Platz hatte, verzichteten die Konstrukteure und trieben die innenliegenden Achsen direkt an. Die beiden außen liegenden Achsen wurden über einen Durchtrieb von den innenliegenden angetrieben. Auf eine Wendezugsteuerung glaubte die Bundesbahn verzichten zu können. Die MaK hatte so eine robuste Maschine entwickelt, die auf Jahre den Betrieb auf Nebenbahnen prägen sollte.

Als erste Lokomotive lieferte das Kieler Werk im März 1958 die auf eigene Rechnung gebaute, als V 100 000 bezeichnete Lok ab. Die Maschine wurde später von der DB übernommen und als V 100 007 bezeichnet. Aus ihr entstand Ende 1959 schließlich die erste V 100^{20}, was zur Umzeichnung in V 100 2001 führte.

Die sechs von der DB bestellten Lokomotiven verließen zwischen Oktober 1958 und April 1959 das Werk. Zunächst hatten sie die Betriebsnummern V 100 001 bis V 100 006. Die DB unterzog die 1100 PS starken Maschinen einer umfangreichen Erprobung beim Bw Münster. Durch die positiven Ergebnisse beflügelt, plante die DB nun als V 100^{0} eine schwere Variante für den Rangierdienst, als V 100^{10} die Serienausführung der Prototypen mit 1100 PS und als V 100^{20} eine stärkere Version mit 1350 PS zu beschaffen. Die Prototypen wurden daraufhin in V 100 1001 bis V 100 1006 umgezeichnet. Die Variante für den schweren Rangierdienst, die gegenüber dem Achsdruck der anderen Varianten von 15 t

Baureihe V 100^{10}: Auf den Nebenbahnen waren die V 100^{10} über Jahre unverzichtbar. 211 058 schiebt den Personenzug aus Ebern zwischen Hallstadt und Bamberg am arbeitenden Gärtner auf seinem Feld vorbei.

Baureihe V 100^{10}: Das ozeanblau-beige Farbkleid trägt 211 055 auf dem Weg nach Ebermannstadt in Kirchehrenbach im Jahr 1997.

Baureihe V 100^{10}: Lange Jahre waren die V 100^{10} zwischen Bamberg und Ebern unterwegs; 211 054 in neuer roter Farbgebung bei Baunach.

Baureihe V 100^{10}

Fabriknummern	Betriebsnummern	Baujahr
1000019	V 100 000	1958
1000020 – 1000025	V 100 1001 – V 100 1006	1958 – 1959
1000026 – 1000044	V 100 1008 – V 100 1026	1961
1000062 – 1000131	V 100 1044 – V 100 1113	1962 – 1963

Baureihe V 100^{20}

Fabriknummern	Betriebsnummern	Baujahr
1000132 – 1000151	V 100 2002 – V 100 2012	1962
1000158 – 1000242	V 100 2022 – V 100 2106	1963 – 1964
1000279 – 1000378	V 100 2232 – V 100 2331	1964 – 1966

einen solchen von 20 t haben sollte, kam auf Grund verschiedener Probleme nicht zur Ausführung. Wesentlicher Grund war die nicht vorhandene Tauglichkeit der Rahmenkonstruktion für eine Lok mit 80 t Gewicht. Die Lösung für diese Aufgabe suchte die DB schließlich mit einer eigenständigen Konstruktion, der Baureihe V 90.

Im Mai 1961 lief mit der V 100 1008 von MaK die Serienlieferung der Baureihe an. Beteiligt waren alle namhaften deutschen Lokfabriken, wobei die MaK auch den Schlusspunkt mit der V 100 1113 knapp zwei Jahre später setzte. Von den insgesamt 358 Serienlokomotiven stammten allerdings nur 88 aus Kieler Fertigung.

Die V 100^{10}, nach 1968 als 211 bezeichnet, konnte alle Anforderungen erfüllen und war bei den Lokführern sehr beliebt. Schnell verteilten sich die Lokomotiven im ganzen Bundesgebiet, übernahmen selbst Leistungen auf Hauptbahnen und machten zahlreiche Dampflokomotiven überflüssig. Die Baureihe übernahm zusammen mit der stärkeren V 100^{20} die Leistungen auf den zahlreichen Nebenbahnen, für die der Schienenbus nicht ausreichte und so wundert es auch nicht, dass das Schicksal der V 100 eng mit den Strecken verbunden ist. Mit dem Niedergang der Nebenbahnen begann auch das Einsatzfeld der Baureihe zu schrumpfen. Die große Ausmusterungswelle setzte Ende der achtziger Jahre ein. Seit 1983 durften keine Untersuchungen mehr an den Vorserienlokomotiven durchgeführt werden. Lediglich die nachträglich mit einer Wendezugsteuerung ausgerüsteten Maschinen hielt man noch uneingeschränkt instand, die anderen benötigten für Hauptuntersuchungen jeweils eine spezielle Genehmigung. Damit begann ab etwa 1986 die umfangreiche Abstellung von Maschinen. Doch die robusten Fahrzeuge wurden kaum verschrottet, da es zahlreiche Interessenten gab. Neben der Tükei, Norwegen, Frankreich und Italien fanden die Lokomotiven bei einigen deutschen Privatbahnen eine neue Heimat. Insgesamt 34 Maschinen kauften die Österreichischen Bundesbahnen und reihte sie als 2048 ein.

Bei der DB schrumpfte das Einsatzgebiet der V 100^{10} immer mehr zusammen, bevor die letzten Lokomotiven schließlich beim Bw Hof auf den Strecken in der Oberpfalz und in Franken zum Einsatz kamen. Als letzte 211 verabschiedete sich im Jahr 2001 die 211 023, eine von MaK gebaute Lok, aus dem Plandienst. Allerdings wird sie erhalten bleiben und als Museumslok die typische Nebenbahnlok der Deutschen Bundesbahn repräsentieren.

Baureihe V 100^{20}

Die Baureihe V 100^{20} entstand aus der V 100^{10}. Nachdem die ersten Lokomotiven von MaK abgeliefert worden waren und sie sich als brauchbar erwiesen hatten, wünschte sich der Betriebsdienst eine Leistungssteigerung. Damit sollte die Lokomotive auch auf Hauptbahnen verkehren können. Die DB gab daher die V 100 007 nach Kiel zurück, wo sie einen neuen Motor mit 1350 PS statt des 1100-PS-Motors erhielt. Die Erprobungen der Lokomotive verliefen positiv, so dass es zu zahlreichen Bestellungen der stärkeren Variante kam.

Die DB beschaffte von der V 100^{20} ab 1962 in drei Bauserien insgesamt 370 Lokomotiven, parallel zur schwächeren V 100^{10}. Die Lieferungen dauerten bis 1966, die Baureihe verteilte sich ähnlich der V 100^{10} über die gesamte Bundesrepublik.

Technisch unterschieden sich die beiden Baureihen nur durch den Motor, das angepasste hydraulische Getriebe und die vergrößerte Kühlanlage. Zur Unterbringung des neuen Kühlers musste der Motorvorbau etwas verlängert werden, damit war es auch notwendig, den Pufferträger anzupassen, so dass bei gleichem Rahmen die Länge der Lok um 200 mm stieg. Die so ausgeführten Maschinen – ab V 100 2022 – sind äußerlich auch an den Lüfterjalousien zu erkennen. Außerdem besitzen alle V 100^{20} eine Wendezugsteuerung.

Nachdem die seit 1968 als Baureihe 212 eingereihten Lokomotiven eine weite Verbreitung gefunden hatten und sich als Ersatz für die schwächere

Baureihe V 100^{20}: Die stärkere V 100-Variante unterschied sich nur unwesentlich von der schwächeren. 212 070 steht an einem Sommerabend des Jahres 1992 im Lokschuppen des Bw Tübingen.

Baureihe V 100^{20}: Die Baureihe erhielt auch das ganz neue Farbkleid der DB, das hier 212 310 präsentiert.

Foto: Günther Barths

211 lange neue Einsatzfelder erschließen konnten, sind die Einsätze mittlerweile selten geworden. Die letzten 212 konzentrieren sich heute neben anderen bei den Betriebshöfen Würzburg und Osnabrück. Ihr Hauptaufgabengebiet ist der Güterverkehr, nachdem sie durch neue Triebwagen aus dem Personenverkehr verdrängt wurden. Zu Verkäufen ausgemusterter 212 ist es bisher kaum gekommen

Insgesamt 14 Lokomotiven wurden von der DB zu Zuglokomotiven für die Tunnelrettungszüge umgebaut. Die Veränderungen gegenüber der V 100^{20} betreffen eine Vorwärm- und Warmhalteeinrichtung, zusätzliche Scheinwerfer, eine Warnblinkleuchte und Kameras. Jeweils zwei Lokomotiven gehören zu einem Rettungszug, der in der Mitte teilbar ist. Die Maschinen verteilen sich auf beide Zugenden. Solche Züge sind in Stuttgart, Fulda, Kassel, Göttingen, Mannheim und Würzburg beheimatet. Sie stehen ständig einsatzbereit mit vorgewärmten Lokomotiven auf Gleisen, die von außen erreichbar (für die Feuerwehrkräfte, die den Zug besetzen) sind und die direkte Fahrt auf die Neubaustrecken erlauben.

Um in einen Tunnel eindringen zu können, in dessen Inneren es brennt, muss der Lokführer den nicht gasdichten Führerstand verlassen und in einen der fünf Wagen des Zuges umsteigen, um mit Hilfe der Kameras (darunter eine Infrarot-Kamera) die Lok vom dortigen Führerstand aus zu fahren. Der vordere Zugteil, der aus Transportwagen, Gerätewagen, Löschmittelwagen und Sanitätswagen besteht, bleibt im Tunnel, während der zweite Transportwagen zusammen mit der hinteren Lok zur Evakuierung von Personen im Pendelverkehr dient.

Von den zunächst 13 für diese Zwecke umgebauten V 100^{20} stammen zwölf aus der Fertigung in Kiel, eine Lok hatte Deutz in Köln gebaut. Die 1997 hinzugekommene Lok stammt ebenfalls von MaK. Zunächst erhielten die Maschinen unter Beibehaltung der Ordnungsnummern die Baureihenbezeichnung 214, ab 1993 die Baureihe 714. Erst im Sommer 1996 sind alle mit neuen Ordnungsnummern von 714 001 bis 714 014 versehen worden

Baureihe V 90

Die Baureihe V 90 stellt heute den Standard im schweren Rangierdienst der DB dar, wird aber auch gerne für Übergabefahrten genutzt. Der Aufgabenbereich dieser Baureihe sollte zuvor bereits zweimal durch andere Baureihen abgedeckt werden. Während die V 80 an dem zu universellen Konzept (Strecken- und Rangierlok in einem) scheiterte, konnte die V 100 nicht für den Rangierdienst adaptiert werden. Die ursprünglichen Planungen sahen vor, auf der Grundlage des Rahmens dieser Baureihe eine Rangierlok als V 100^{0} zu schaffen. Dazu wäre es aber notwendig gewesen, das Lokgewicht mittels Ballastgewichten auf 80 t zu erhöhen. Dies scheiterte aber an der dafür nicht geeigneten Konstruktion.

Die Bundesbahn beauftragte die MaK mit der Entwicklung der neuen Rangierlok. Es entstand eine vierachsige, dieselhydraulische Lokomotive mit

Baureihe V 90: Der schwere Rangierdienst als Einsatzgebiet machte die V 90 zu einem unermüdlichen Arbeiter, meist im Verborgenen. Die 1973 gebaute 290 377 in Wildenrath auf dem Siemens-Testgelände trägt die zweite Lackierung der Baureihe.

Foto: Günther Barths

Baureihe V 90: In Reydt ist die neurote 290 399 mit einem neuen Triebzug der Baureihe 424, über Zwischenwagen (wegen der Scharfenberg-kupplung des 424) gekuppelt, unterwegs. Die dritte Farbgebung der Baureihe war nicht sonderlich beständig gegen die alltäglichen Umwelteinflüsse.

Foto: Günther Barths

Baureihe V 90: Die neue Farbgebung der DB Cargo trägt 290 332.

Foto: Günther Barths

Mittelführerstand, die dem Einsatz im Rangierdienst weitgehend angepasst ist. Der eingebaute Motor entspricht dem der V 100[20], ist aber auf 1100 PS gedrosselt. Als Neuheit führte das Kieler Unternehmen bei der V 90 eine Verschleißpufferbohle ein, die bei Aufstößen Beschädigungen des Rahmens verhindern sollte. Dabei sind am Rahmen zwei Böcke angebracht, an denen die eigentliche Pufferbohle befestigt ist. Prallt die Lok gegen ein Hindernis, verformt sich diese und nimmt einen Teil der Energie auf. Bis zu einem gewissen Grad wird so der Rahmen nicht geschädigt und nach Austausch der Pufferbohle kann die Lok wieder eingesetzt werden. Zur Entwicklung dieses Elementes waren 1963 zahlreiche Versuche notwendig, da noch keine Berechnungsmethoden bekannt waren.

Die Lieferung der Baureihe V 90 begann mit einer Vorserie von 20 Maschinen im Jahr 1964. Mit der V 90 021 startete 1966 die Serienbeschaffung, an der neben MaK auch andere Hersteller beteiligt waren. Als letzte Lok lieferte MaK im September 1974 die 290 407. Von den Maschinen stammten 299 aus Kiel.

Die Baureihe V 90 (seit 1968 als 290 bezeichnet) kann einen schweren Güterzug auf einem Rangierbahnhof vollständig behandeln. Die Lokomotiven kamen zunächst fast ausschließlich auf großen Rangierbahnhöfen zum Einsatz, sind aber mittlerweile auch auf größeren Bahnhöfen im Rangierdienst mit zahlreichen Übergabefahrten in die Umgebung anzutreffen.

Beim Abdrücken am Ablaufberg werden die Lokomotiven nicht mehr vom Lokführer gefahren, sondern vom Bergmeister aus dem Stellwerk gesteuert. Diese Einrichtung, die zunächst die V 90 020 für den Rangierbahnhof Mannheim erhielt, haben heute insgesamt 16 Maschinen, die in Nürnberg, Mannheim, Kornwestheim, Hannover und München am Ablaufberg tätig sind. Nachdem die Funkfernsteuerung ihre erste Bewährungsprobe in Kleinlokomotiven und der Baureihe V 60 bestanden hatte, baute die DB die V 90 ab 1995 entsprechend um. Insgesamt 286 Maschinen können nun mit Hilfe der tragbaren Fernbedienung gefahren werden und tragen die Baureihenbezeichnung 294. Eine weitere neue Variante stellt die satellitengestützte Steuerung von zehn Lokomotiven dar, die als 294 901 bis 294 910 bezeichnet worden sind.

Baureihe V 90

Fabriknummern	Betriebsnummern	Baujahr
1000259 – 1000278	V 90 001 – V 90 020	1964 – 1965
1000394 – 1000431	V 90 021 – V 90 058	1966 – 1967
1000432 – 1000491	290 101 – 290 160	1968 – 1969
1000493 – 1000512	290 191 – 290 210	1969
1000519 – 1000558	290 211 – 290 250	1972
1000559 – 1000573	290 261 – 290 275	1972
1000574 – 1000575	290 306 – 290 307	1972
1000576 – 1000595	290 276 – 290 295	1972
1000603 – 1000682	290 328 – 290 407	1972 – 1974
1000723	290 408	1974

Baureihe 291: Äußerlich ist die nur im Norden zu findende Baureihe 291 von der älteren V 90 nicht zu unterscheiden. Die 295 097 entstand durch den Umbau auf Funkfernsteuerung aus der 1978 gebauten 291 097. Foto: Günther Barths

Die MaK fertigte im Anschluss an die letzte V 90 für die DB noch eine Lokomotive für die Bundeswehr, die diese dann an die DB vermietete. Im Gegenzug bediente die DB das Depot, für das die Lok vorgesehen war. Schon relativ bald wollte die Bundeswehr die als 290 999 eingereihte Maschine an die DB verkaufen, dazu kam es aber erst 1996, die Betriebsnummer änderte sich darauf in 290 408. Die V 90 sind noch vollzählig im Bestand der DB. Mit Ausnahme des Nordens, wo die Baureihe 291 konzentriert ist, sind sie im ganzen alten Bundesgebiet zu finden. Mittlerweile haben die Maschinen auch Dienste in den neuen Bundesländern übernommen, so den Rangierdienst in Dresden-Friedrichstadt oder in Saalfeld.

Baureihe 291

Mit der intern als V 90P bezeichneten Variante der Baureihe V 90 verwirklichte die MaK ihre Vorstellung einer schweren Rangierlok für die DB. Während die Bundesbahn für ihre Lok einen schnelllaufenden Dieselmotor verlangte, verwendete das Unternehmen für die V 90P einen Langsamläufer aus eigener Fertigung. Im Fahrzeugteil gab es keine Unterschiede zwischen den beiden Ausführungen.

Das Kieler Werk baute auf eigene Rechnung im Jahr 1966 drei Lokomotiven, die mit einem eigenen Motor ausgerüstet wurden. Gegenüber dem bei der V 90 verwendeten (1500 1/min) hatte dieser nur eine Drehzahl von 1000 1/min. Die DB mietete die Maschinen zunächst für zwei Jahre an und erprobte sie als V 90 901 bis V 90 903 beim Bw Delmenhorst. Nach positiven Ergebnissen und einem Umbau der Motoren im Jahr 1971 kaufte die Bundesbahn die drei Lokomotiven.

Nach der Beschaffung der letzten V 90 wollte die DB weitere 100 schwere Rangierlokomotiven bauen lassen. Die MaK konnte die Version mit dem langsam laufenden Motor zu einem niedrigeren Preis anbieten, so dass es zu einer Bestellung kam. Die erste 291 wurde im März 1974 geliefert, bis August 1978 folgten noch weitere 91 Lokomotiven aus Kiel und acht von Jung. Die DB konzentrierte die Baureihe 291 auf den Norden der Bundesrepublik, um die Ersatzteilhaltung zu vereinfachen. Die acht Lokomotiven, die im Rangierbahnhof Maschen abdrücken, haben eine Fernsteuerung, die der Bergmeister bedient. Seit 1996 wurden 73 Lokomotiven auf die bereits bei der Baureihe V 90 erwähnte Funkfernsteuerung umgebaut und in die Baureihe 295 eingereiht. Bisher wurde noch keine 291 oder 295 ausgemustert.

Baureihe 291

Fabriknummern	Betriebsnummern	Baujahr
1000391 – 1000393	V 90 901 – V 90 903	1966
1000683 – 1000722	291 001 – 291 040	1974 – 1975
1000724 – 1000773	291 051 – 291 100	1976 – 1978

Baureihe V 160

Nachdem die DB sich entschlossen hatte, zukünftig nur noch Diesellokomotiven mit einem Motor zu beschaffen, da diese in der Unterhaltung günstiger waren, musste ein Fahrzeug geschaffen werden, dass sich in die vorhandene Lücke zwischen der V 100 und der V 200 einreihte. Den Schritt zur einmotorigen Streckendiesellok ermöglichte die Leistungssteigerung der Motoren für den Bahnbetrieb.

Wie bereits die Baureihen V 80 und V 200 sollten die neuen V 100 und V 160 die gleichen Grundzüge aufweisen. Wesentliches Merkmal wurde bei beiden Baureihen der tiefliegende Abtrieb des Strömungsgetriebes, eine Neuerung nach den Erfahrungen mit den früheren Ausführungen.

Das Betriebsprogramm für die neue Lok umfasste den Einsatz auf Nebenbahnen genauso wie auf Hauptbahnen. Die Baureihe sollte zahlreiche Dampflokomotiven ersetzten können.

Der Entwicklungsauftrag ging an Krupp in Essen, gleichzeitig bestellte die DB auch sechs Vorserien-Maschinen und vier weitere bei Henschel. Die ersten neun Lokomotiven zeigten eine äußere Form, die in Anlehnung an die V 200 entstanden war. Da dies aber hohe Herstellkosten zur Folge hatte, stellte Henschel mit der V 160 010 eine einfachere Kopfform vor, die sämtlichen Streckenlokomotiven, die in Folge bestellt wurden, eigen wurde.

Die zehn Maschinen erfüllten nicht ganz die Vorgaben. Das geforderte Höchstgewicht von 52 t um auch Nebenbahnen befahren zu können, erreichte die V 160 nicht. Das Ziel wurde um vier Tonnen verfehlt. Dies führte dazu, dass die DB das Betriebsprogramm änderte. Damit stand nun eine Diesellok mit 1900 PS für den universellen Einsatz auf Hauptbahnen zur Verfügung.

Gegenüber der Vorserie musste Krupp die Konstruktion allerdings für die Serie noch modifizieren. Die hauptsächlichen Änderungen betrafen den Rah-

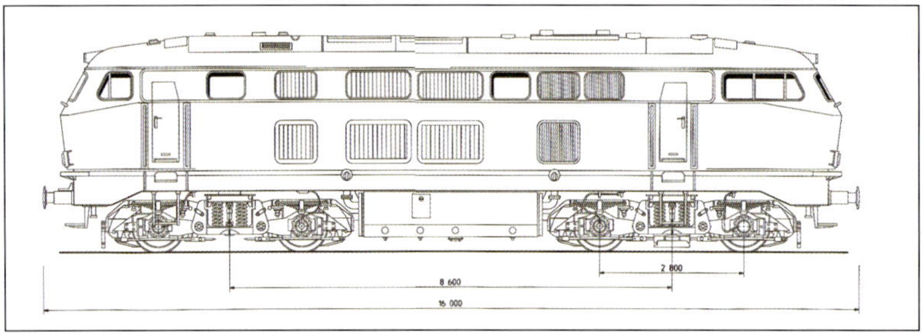

Baureihe V 160: Die neue einmotorigen Diesellok der Deutschen Bundesbahn sollte zur Grundlage einer ganzen Lokfamilie werden.

Zeichnung: Stephan Kuchinke

men; die Kopfform der V 160 010 wurde übernommen. Das Gewicht der Serienlokomotiven stieg weiter auf nun 80 Tonnen. Die Bundesbahn stellte von 1964 bis 1969 in fünf Baulosen insgesamt 214 Serienlokomotiven in Dienst. Die V 160 (ab 1968 als 216 bezeichnet) stellte die Standard-Streckenlok dar. Für die Zugheizung besaßen die Maschinen einen Dampfkessel, zahlreiche Lokomotiven waren mit einer Wendezugsteuerung ausgerüstet.

An der Fertigung der Serien-Lokomotiven beteiligte sich die MaK mit insgesamt 25 Maschinen, die die Werkshallen in den Jahren 1965 und 1966 verließen.

Die Baureihe V 160 verteilte sich zunächst über die gesamte Bundesrepublik, mit den Lokomotiven begann die erste Phase der endgültigen Ablösung der Dampflok. Die Maschinen konnten sowohl im Personen- als auch im Güterverkehr eingesetzt werden und begründeten eine ganze Familie von Diesellokomotiven, deren verschiedene Vertreter bis 1979 gebaut wurden.

In den siebziger Jahren setzte eine erste Konzentration der Baureihe auf wenige Bahnbetriebswerke ein, die schließlich in den letzten Jahren zur Ablösung durch stärkere Baureihen führte. Da durch die Ablösung zahlreicher Lokomotiven durch Triebwagen vermehrt neuere Fahrzeuge frei wurden, konnte langsam auf die ältere 216 verzichtet werden. Nach der Neugliederung der Deutschen Bahn gehört die Baureihe nun DB Cargo und kommt nicht mehr im Personenzugdienst zum Einsatz. Noch sind einige Maschinen im Ruhrgebiet und im Westerwald unterwegs, doch auch ihre Tage sind gezählt. Bisher fanden fünf Lokomotiven den Weg zu Privatbahnen.

Baureihe V 100^{23} in Steilstreckenausführung

Die insgesamt zehn Lokomotiven der Baureihe V 100 in Steilstreckenausführung lieferte ausschließlich die MaK. Der Betrieb von Strecken mit langen, steilen Abschnitten erfordert nach den gängigen Vorschriften in der Eisenbahn-Bau- und Betriebsordnung Triebfahrzeuge mit zwei unabhängigen Bremssystemen. Um das Jahr 1960 wollte die Deutsche Bundesbahn die Dampflokomotiven in diesen Diensten ersetzen. Der Bedarf war nicht besonders hoch, insgesamt zehn Lokomotiven, so dass eine Neuentwicklung nicht in Frage kam.

Daher adaptierte die MaK die Baureihe V 100^{20} durch die Verwendung eines hydraulischen Getriebes mit hydrodynamischer Bremse. Bei dieser Bauart wirkt das Getriebe gegen die Fahrtrichtung und bremst das Fahrzeug ab. Die Änderungen gegenüber der Standard-Lokomotive hielten sich in Grenzen und bezogen sich lediglich auf die zusätzlich nötigen Einrichtungen (u.a. ein zusätzlicher Wärmetauscher für das Getriebeöl), die Steuerung und den Wegfall eines kleinen Dieselmotors für die Stromerzeugung.

Eine besondere Baureihenbezeichnung sah die DB für die Steilstreckenlokomotiven nicht vor, die Maschinen erhielten fortlaufende Betriebsnummern ab V 100 2332 inmitten der normalen V 100^{20}.

Die zehn V 100^{23} kamen nach der Ablieferung im Jahr 1966 zunächst nach Karlsruhe, wo sie auf der Strecke Rastatt – Freudenstadt verkehrten. Bereits 1967 stationierte die DB zwei Lokomotiven nach Gießen um, um sie auf den dortigen Strecken einzusetzen. Fünf Jahre später löste die Baureihe 218 die

Baureihe V 160

Fabriknummern	Betriebsnummern	Baujahr
2000026 – 2000050	V 160 036 – V 160 060	1965 – 1966

Baureihe V 100^{23}

Fabriknummern	Betriebsnummern	Baujahr
1000379 – 1000388	V 100 2332 – V 100 2341	1966

Baureihe V 100[23]: Die zehn Steilstreckentauglichen V 100 fuhren bis zur Sperrung der Strecke über den Rennsteig, wo sie nur kurz zuvor die Baureihe 228 ersetzt hatten. Die 213 341 verlässt eben Schleusingen in Richtung Rennsteig.

nun als 213 bezeichnete Steilstreckenlok in Baden ab. Damit konnte das Bw Gießen über alle zehn Lokomotiven verfügen. Der Bestand reichte nun aus, um einige Maschinen auch im Bereich der Direktion Köln einzusetzen, ehe 1987 alle 213 nach Koblenz kamen. Dies sollte aber nicht die letzte Veränderung sein, da mit der Stilllegung der Steilstrecke von Linz nach Kalenborn das Einsatzgebiet verloren ging.

Das letzte Einsatzgebiet der Lokomotiven, in dem die hydrodynamische Bremse notwendig war, wurde die Steilstrecke zwischen Schleusingen und Ilmenau in Thüringen. Dort lösten die 213 im Jahr 1995 die zweimotorige 228 ab. Da die Strecke nur wenig später wegen mangelhaften Oberbaus gesperrt wurde und die DB kein großes Interesse an einer Sanierung zeigte, verloren die 213 nun ein letztes Mal ein Einsatzgebiet, in dem sie ihre Möglichkeiten nutzen konnten. Für die restliche Zeit bis zur Ausmusterung kamen die Maschinen zum Betriebshof Hof, wo sie zusammen mit 211 und 212 verschiedene Nebenbahnen befuhren. Zuletzt verkehrten die verbliebenen 213 auf der Strecke Nürnberg-Nordost – Gräfenberg bis zur Lieferung neuer Triebwagen. Die beiden letzten 213, die der Bh Hof nicht mehr benötigte, mietete Anfang 2002 die DB Regio vom Besitzer DB Cargo an, um damit um Regensburg Güterzüge zu fahren. Dies stellt schon von daher ein kleines Kuriosum dar, da für gewöhnlich DB Regio nur im Personenverkehr engagiert ist.

Baureihe 215

Die Baureihe 215, zunächst als V 160[3] bestellt, war nichts weiter als ein Notnagel. Die neue Lokomotive entstammte der V 160-Familie und glich den älteren Vertretern dieser Bauart in ihrer Formgestaltung. Eigentlich wollte die Bundesbahn nach der V 160 keine Maschinen mit Dampfheizung für den Zug mehr beschaffen. Nachdem die Baureihe V 162 (217) mit einem zusätzlichen Motor für eine elektrische Zugheizung hohe Unterhaltungskosten erforderlich machte, wollte man mit der V 164 (218) ein Fahrzeug schaffen, dass nur einen leistungstarken Motor besaß. Doch die Serienbeschaffung der neuen Gattung konnte noch nicht angegangen werden, weil noch zahlreiche Probleme zu lösen waren. Daher ent-

Baureihe 215

Fabriknummern	Betriebsnummern	Baujahr
2000051 – 2000095	215 046 – 215 090	1970 – 1971

schloss sich die DB, eine weitere Reihe aus der Taufe zu heben. Mit der später als 215 eingereihten Variante der bewährten V 160 kam noch einmal eine Lok mit Dampfheizung in den Bestand der Bahngesellschaft.

Die beiden Baureihen unterschieden sich hauptsächlich im Fahrzeugteil. Für die 215 verwendeten die Konstrukteure den für die Baureihe 218 entwickelten längeren Rahmen. Zunächst sollte die Baureihe einen 2500-PS-Motor erhalten, der sich aber als nicht betriebsreif erwies. Daher verwendete man den bewährten Motor der V 160 mit 1900 PS. Wiederum firmierte Krupp als Entwickler, die anderen deutschen Lokfabriken bauten nach einem einheitlichen Zeichnungssatz. Die ersten zehn Maschinen baute Krupp. An der Serie waren daneben noch Henschel, Krauss-Maffei und die MaK beteiligt. Nach den positiven Erprobungsergebnissen der beim Bw Ulm eingesetzten Vorserienlokomotiven begann im Jahr 1969 die Serienlieferung von 140 Lokomotiven. In Kiel entstanden zwischen 1970 und 1971 insgesamt 45 Maschinen.

Die 215 konnte durch den längeren Fahrzeugteil auch ohne größere Probleme mit der Antriebsanlage der Baureihe 218 ausgestattet werden, ein solcher Umbau wurde aber nur bei drei Lokomotiven verwirklicht. Im Gegensatz zur Baureihe 216 hatten alle 215 eine Wendezugsteuerung und waren auf 140 km/h zugelassen. Vorraussetzung dazu war die hydrodynamische Bremse, die ähnlich des Strömungsgetriebes aufgebaut ist, aber als Bremse wirkt.

Baureihe 215: Kaum von der Baureihe 218 zu unterscheiden ist die Baureihe 215, die über lange Jahre rund um Ulm präsent war. Im Tübinger Lokschuppen steht 1992 die 215 053.

Das wichtigste Heimat-Bahnbetriebswerk wurde für die Baureihe 215 das Bw Ulm. Von der Domstadt aus versahen die Lokomotiven ihren Dienst vor Eil- und Personenzügen, aber auch im Güterverkehr. Der Bestand des Bw zählte teilweise bis zu 95 Maschinen. Mittlerweile ist die Baureihe 215 nicht mehr in Ulm vertreten. Derzeit setzen die Bahnbetriebswerke Gießen und Trier größere Bestände ein. Die Baureihe 215 wurde nach der Neugliederung der DB der DB Regio zugeschlagen. Da diese die Lokomotiven nicht mehr benötigt und durch die Baureihe 218 und neue Triebwagen ersetzen konnte, stellte man die Maschinen größtenteils ab. Die DB Cargo zeigte jedoch Interesse an den Fahrzeugen und übernahm etwa ein Drittel des Bestandes, hauptsächlich Maschinen aus Ulm. Da der Heizkessel für den Güterzugdienst nicht notwendig ist, wurde er bei einigen Lokomotiven ausgebaut, der größte Teil fährt allerdings noch mit Kessel. Sämtliche von DB Cargo gekauften 215 bekamen die neue Baureihenbezeichnung 225. Zu den neuen 225 gehören auch zehn von MaK gelieferte Maschinen.

Baureihe 218

Mit der Baureihe 218, ursprünglich noch als V 164 geplant, realisierte die Deutsche Bundesbahn ihre größte Diesellokomotive, die in Serie ging. Die Baureihe mit elektrischer Zugheizung entstand bereits vor der Baureihe 215, konnte aber nicht rechtzeitig in Serie gehen. Nachdem die deutschen Diesellokomotiven zunächst eine Dampfzugheizung hatten, musste die DB, um internationalem Standard zu folgen, an die Beschaffung von Maschinen mit elektrischer Zugheizung gehen. Bei der hydraulischen Kraftübertragung ist dazu ein gesonderter Generator notwendig, der von einem Dieselmotor angetrieben wird. Da bis Anfang der sechziger Jahre nur Motoren bis etwa 2000 PS für den Eisenbahnbetrieb zur Verfügung standen, musste der Fahrantrieb von der Heizanlage getrennt werden. Ab 1963 entstand daher die Baureihe V 162 (später Baureihe 217) in 15 Exemplaren mit einem 2000-PS-Hauptdieselmotor und einem 500-PS-Hilfsdiesel, der den Heizgenerator antrieb,

Baureihe 218: Die größte Baureihe in der V 160-Familie wurde die 218. Auf den nicht elektrifizierten Hauptbahnen der Deutschen Bundesbahn waren die starken Lokomotiven mit elektrischer Zugheizung vertreten. Eine große Gruppe gehört noch heute zum Bahnbetriebswerk Regensburg. Eine Regensburger Lok zieht den Eilzug nach Hof bei Bamberg.

Baureihe 218: In Lindau treffen sich die bei MaK gebaute 218 396 und die 218 469 von Krauss-Maffei; im Jahr 1998.

Baureihe 218: Die neueste Farbgebung zeigt 218 293, im Jahr 1973 in Kiel gebaut.

Foto: Günther Barths

Baureihe 218: Einen weiteren Schwerpunkt bildet der Betriebshof Kempten, dessen Lokomotiven im gesamten Allgäu und am Bodensee anzutreffen waren.
Bei Überlingen schiebt die 218 397 einen Regionalexpress am aufgewühlten Bodensee entlang.

Baureihe 218

Fabriknummern	Betriebsnummern	Baujahr
2000096 – 2000110	218 284 – 218 298	1974
2000111 – 2000120	218 389 – 218 398	1975
2000121 – 2000130	218 490 – 218 499	1978 – 1979

aber auch auf das hydraulische Getriebe wirken konnte. Die Lokomotiven unterschieden sich von der Baureihe V 160 nur durch die größere Länge und einige durch die Änderungen, die die neuen Motoren bedingten. Die Beschaffung der Baureihe V 162 wurde schließlich zu Gunsten des 1965 gestarteten Projektes V 164 gestoppt.

Mit der V 164 wollte die DB eine Lokomotive erhalten, die die Gesamtleistung von 2500 PS in einem Aggregat vereinte. Damit konnte auf einen zweiten Motor verzichtet werden, die Unterhaltungskosten sanken. Zu dem Zeitpunkt, als das Projekt seinen Anfang fand, stand kein geeigneter Motor aus deutscher Fertigung zur Verfügung, lediglich im Angebot des französischen Herstellers Pielstick fand sich ein entsprechendes Aggregat. Die DB wollte aber nicht darauf zurückgreifen, da dies die Ersatzteilhaltung wesentlich verkompliziert hätte. Erst 1966 konnte die MAN einen entsprechenden Zwölfzylinder vorstellen, der die Bundesbahn überzeugte. Daraufhin wurde Krupp mit dem Bau von zwölf Vorserienlokomotiven beauftragt, die ab Mai 1968 als 218 001 bis 218 012 zur DB gelangten. Die Erprobung fand bei den Bahnbetriebswerken Hagen-Eckesey und Regensburg statt und verlief positiv. Daher folgten ab 1971 insgesamt 389 Maschinen von verschiedenen Herstellern.

Die Baureihe 218 entspricht im Wesentlichen der Baureihe V 160, ist allerdings mit Rücksicht auf den stärkeren Motor und dessen Kühlanlage länger ausgeführt. Die Drehgestelle sind von MaK konstruktiv überarbeitet worden. Alle Lokomotiven haben eine Vielfachsteuerung und die hydrodynamische Bremse und damit eine Höchstgeschwindigkeit von 140 km/h. Nachdem zunächst nur deutsche Motoren eingebaut wurden, entschied sich die DB schließlich auch einen Pielstick-Motor mit 2800 PS zu verwenden. Dies veranlasste die MTU, Zusammenschluss der deutschen Hersteller von Eisenbahnmotoren, das vor-

Überblick über die Bauarten

Baureihe	Achsfolge	Länge in mm	Leistung in PS	Vmax in km/h	Dienstgewicht in t	Baujahre	Stückzahl	davon MaK
V 36 (236)	C	9200	360	60	40	1947		
V 36^{4} (236^{4})	C	9240	360	60	40	1950	18	18
V 60 (260; 261)	C	10 450	650	60	48 – 54	1955 – 1963	942	383
V 65 (265)	D	10 740	650	80	54	1955	15	15
V 80 (280)	B'B'	12 800	1100	100	64	1951 – 1952	10	5
V 90 (290)	B'B'	14 320	1100	80	80	1964 –1974	407	299
V 90P (291)	B'B'	14 320	1400	90	80	1965 – 1978	103	92
V 100^{10} (211)	B'B'	12 100	1100	100	62	1958 – 1963	364	94
V 100^{20} (212)	B'B'	12 300	1350	100	63	1959 – 1965	381	206
V 100^{23} (213)	B'B'	12 300	1350	100	63	1966	10	10
V 160 (216)	B'B'	16 000	1900	120	75,5	1960 – 1969	224	25
215 (V 160^{3})	B'B'	16 400	1900	140	77,5	1968 – 1971	150	45
218 (V 164)	B'B'	16 400	2500	140	80	1968 – 1979	410	35
V 200 (220)	B'B'	18 470	2 x 1100	140	81	1953 – 1959	86	20

handenen Aggregat auf 2800 PS zu optimieren. Dieser Motor findet sich im größten Teil der Baureihe.

Die Serienlokomotiven tragen die Betriebsnummern 218 101 bis 218 499, wobei die 218 399 aus der 1973 verunfallten 215 112 entstanden ist. Die MaK war an den Bestellungen mit 35 Lokomotiven beteiligt, die zwischen 1974 und 1979 geliefert wurden. Mit der Ablieferung der 218 499 am 21. Juni 1979 durch die MaK endete die Beschaffung von Streckendiesellokomotiven durch die Deutsche Bundesbahn.

Die Baureihe fand ihre Einsatzgebiete in der gesamten Bundesrepublik, wobei Flensburg bzw. Lübeck, Regensburg und Kempten zu den Hochburgen wurden. Auf nahezu allen nicht elektrifizierten Hauptstrecken der Bundesbahn waren und sind die zuverlässigen Lokomotiven zu finden. Bisher wurden nur vereinzelt Maschinen nach Unfällen oder stark veränderte Erprobungsträger wie die 218 001 ausgemustert. Welches Potential in der Konstruktion steckt, bewies der vorrübergehende Umbau einiger Maschinen (jedoch keiner aus Fertigung der MaK) in die neue Baureihe 210 mit 160 km/h Höchstgeschwindigkeit als Rückfallebene für die Elektrifizierung der Strecke Hamburg – Berlin. Nachdem die Lokomotiven nicht mehr für Einsätze vor den schnellen Zügen gebraucht wurden, gingen sie nach Rücknahme der Änderungen wieder in der Baureihe 218 auf. Die acht Lokomotiven 218 901 bis 218 908 sind übrigens aus den Gasturbinen-Lokomotiven der alten Baureihe 210 nach Stillegung der Turbine entstanden.

Eine lange Zusammenarbeit

Die Deutsche Bundesbahn schloss mit der 218 499 von MaK die Beschaffung von Diesellokomotiven ab. Der Bedarf war gedeckt, neben den Nebenbahnmaschinen der V 100-Bauarten gab es mit der V 60 eine leichte Rangierlok, die von der schweren V 90 ergänzt wurde. Für den Einsatz auf Hauptstrecken standen die Lokomotiven der V 160-Familie zur Verfügung. Allerdings schrumpfte das Einsatzgebiet der Diesellokomotiven der DB zusehends. Einerseits wurden die wichtigen Hauptstrecken nach dem Zweiten Weltkrieg elektrifiziert, andererseits legte die DB zahlreiche Nebenstrecken still. Nach der Abstellung der letzten Dampflokomotiven 1977 teilten sich Dieseltriebfahrzeuge die Zugleistungen nur noch mit den elektrischen Lokomotiven und Triebwagen, wobei sich das Schwergewicht deutlich auf Seite der elektrischen Traktion fand. Auch bedingt durch die Lieferungen aus der V 160-Familie schieden von 1978 bis etwa 1985 die ersten nach dem Zweiten Weltkrieg gebauten Baureihen aus dem Betriebsdienst. Neben den noch auf Wehrmachtskonstruktionen beruhenden V 36 und V 36^{4} traf es die Baureihe V 80 bereits bis 1978. Die Baureihe V 200 verkehrte 1984 zum letzten Mal, lediglich ihre verstärkte Unterbauart V 200^{1}, an der MaK allerdings nicht beteiligt war, konnte sich noch einige Jahre länger im schweren Güterverkehr behaupten. Nach einem Brand einer Gasturbine hatte die DB auch die Versuche, aus der V 160 eine Lokomotive mit zusätzlicher leistungssteigernder Gasturbine herzuleiten, aufgegeben.

Mitte der achtziger Jahre erprobte die DB zwar mehrere dreiachsige Rangierlokomotiven, auch solche von MaK, aber zu Neubeschaffungen kam es nicht. Erst mit den drei mächtigen Maschinen der Baureihe 240 mit elektrischer Kraftübertragung konnte die MaK die Bundesbahn wieder für Diesellokomotiven interessieren. Die langjährige Erprobung in Norddeutschland führte aber auch zu keinem Auftrag.

Durch die Zusammenführung der beiden deutschen Staatsbahnen zur Deutschen Bahn nach der Wende konnte das neue Unternehmen neben den ehemaligen DB-Lokomotiven auch auf eine große Anzahl von Maschinen aus dem Bestand der ehemaligen Deutschen Reichsbahn zurückgreifen. Allerdings zeichnete sich in den neunziger Jahren immer mehr die Verlagerung des Personenverkehrs zu Triebwagen hin ab. Der Güterverkehr verlor in Laufe der Jahre immer mehr an Bedeutung, so dass der umfangreiche Park an Lokomotiven nicht mehr notwendig war. Dies führte dazu, dass immer mehr Diesellokomotiven, vornehmlich solche aus leistungsschwächeren Baureihen, ausgemustert wurden. Zuerst traf es die Baureihen V 100^{10} (211) und V 100^{20} (212) und die noch mit Heizkesseln gelieferten Mitglieder der V 160-Familie. Dagegen blieb die Baureihe 218 unersetzlich.

Die Bundesbahn lies zwischen 1947 und 1979 in Summe 3194 Lokomotiven aus insgesamt 18 Baureihen neu bauen. Davon fertigte die MaK 1261 Fahrzeuge aus insgesamt 14 Bauarten und damit 39 Prozent aller neuen Diesellokomotiven. Lediglich an der verstärkten V 200, der V 200^{1}, den neun Lokomotiven mit zusätzlicher Gasturbine (Baureihen V 169 und 210) und 15 Maschinen der Baureihe 217, war das Kieler Unternehmen nicht beteiligt.

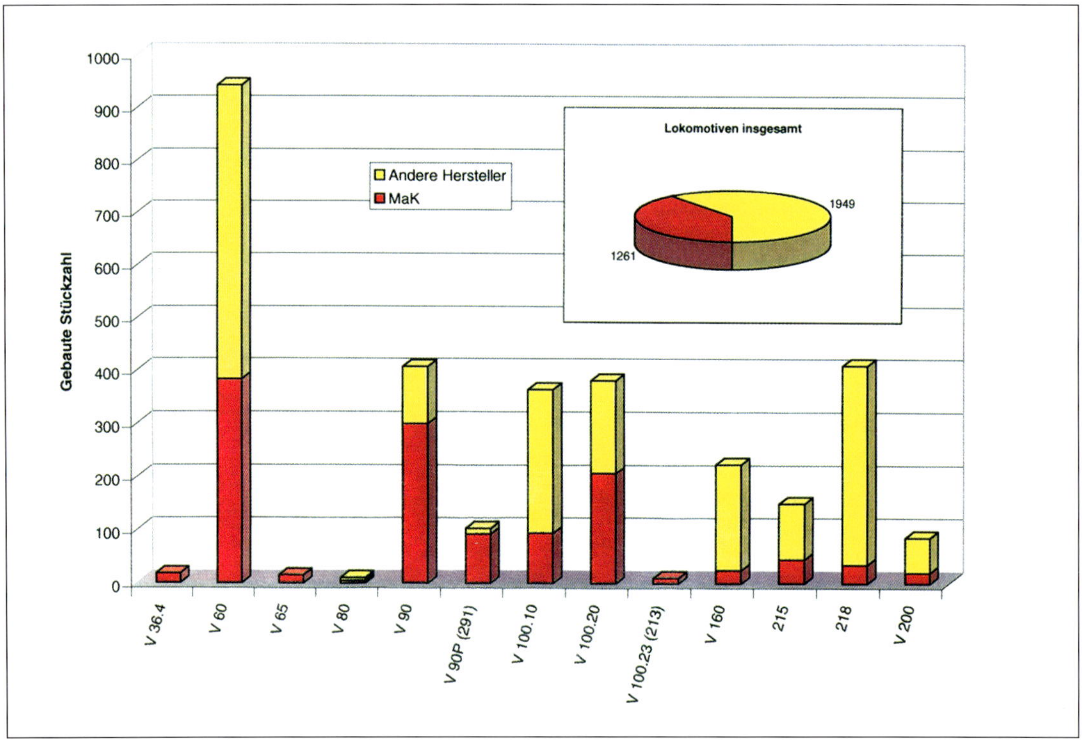

Die MaK baute für die Deutsche Bundesbahn insgesamt 1261 Lokomotiven und war an zahlreichen Baureihen mit der Mehrzahl der gebauten Fahrzeuge beteiligt. Graphik: Stephan Kuchinke

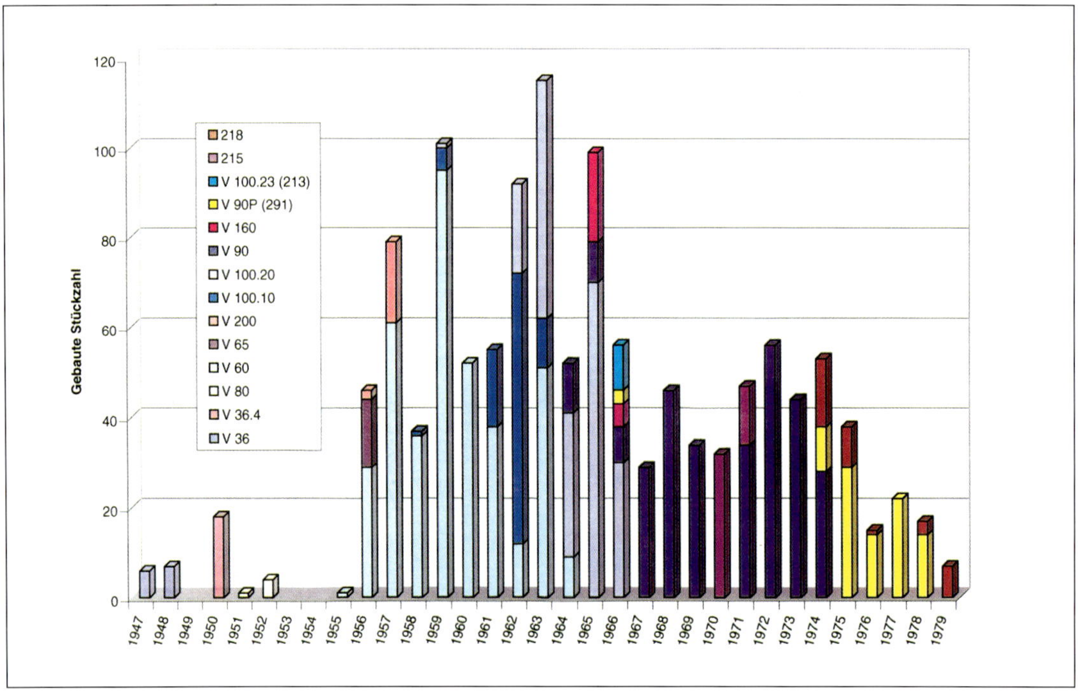

Von 1947 bis 1979 entstanden in den Werkshallen in Kiel nahezu jährlich Lokomotiven unterschiedlicher Baureihen. Graphik: Stephan Kuchinke

Der eiserne Münchner

Die Lokomotiven von Joseph Anton von Maffei

von Axel Winterstein

Die Geschichte der ersten Lokomotive aus der Hirschau ist eine Fahrt mit Umwegen. Um die Leitung des Königreichs geneigt für seine neue Fabrik zu machen und wohl auch, um den Boden für staatliche Aufträge zu bereiten, schrieb Joseph Anton von Maffei am 7. September 1841 ein Gesuch an König Ludwig I.: „Euer Königliche Majestät wollen dem in meiner Werkstätte erbauten ersten Bayerischen Dampfwagen den Namen Allergnädigst zu bestimmen geruhen. In dem ich der Gewährung dieses allerunterthänigsten Gesuchs von Eurer Königlichen Majestät Huld und Gnade entgegen harre, ersterbe in allertiefster Ehrfurcht Euer Königlichen Majestät allerunterthänigst treugehorsamster Joseph Anton von Maffei."

Schon wenige Tage später erhielt er ein Schreiben mit einem handschriftlichen Vermerk des Königs zurück. „Mit vielem Vergnügen erfuhr des Dampfwagens Erbauung aus München und dem ausgesprochenen Wunsche gemäß, daß ich ihm einen Namen geben möchte, soll er der 'Münchner' heißen". Berchtesgaden 11. Septemb. 41."

Maffeis Ersuchen entpuppte sich als schlaue Investition, denn bereits 1840 hatte der Staat die

Mit höchstens 32 „Sachen" befuhr von 1841 an das Pionierstück aus der Maffei'schen Maschinenfabrik, „Der Münchner" die Eisenbahnstrecke München-Augsburg

Archiv KraussMaffei

Joseph Anton Ritter von Maffei (1790 bis 1870)

Archiv KraussMaffei

Hand auf die neue Bahnlinie München-Augsburg gelegt, auf welcher der „Münchner" von Oktober 1841 an hin- und herdampfte. 1843 erhielt Maffei von der Königlich-Bayerischen Staatsbahn den Auftrag zur Lieferung von acht Lokomtiven für die ebenfalls neue Linie Nürnberg-Bamberg. Allerdings musste Maffei als Kaution die väterliche Tabakfabrik einbringen.

Doch noch immer war der „Münchner" nicht bezahlt. Und so sandte Maffei 1845 ein weiteres, inzwischen legendäres Schreiben an König Ludwig I: „Es sind sechs Jahre, seitdem der 'Münchner' zu bauen angefangen wurde. Die Durchschnittszahl in dieser Fabrik allein seither beschäftigten Arbeiter beläuft sich für ein Jahr auf 230. Jeder derselben, gering gerechnet, gebraucht zur Stillung seines Durstes des Tages 3 Maaß Bier, was in 6 Jahren 1511 100 Maaß betrug. Bekanntlich entrichtet die Maaß Bier beiläufig 1 Kreuzer ärarialischen (steuerlichen, Anm. d. Verf.) Aufschlag, so entziffert sich an diesem einzigen Gefälle schon seither eine Staatseinnahme von ohngefähr 25 000 Gulden." „Das wirkte", heisst es in der KraussMaffei-Firmengeschichte, „für 24 000 Gulden hat die Königlich Bayerische Staatsbahn den 'Münchner' gekauft und unter der Nummer 25 in ihren Lokomotivpark eingereiht." Ein Modell steht als Leihgabe von KraussMafffei im Deutschen Museum in München.

Nach heutigen Maßstäben wirkte die Maschine fast wie ein etwas groß geratenes Spielzeug: ein stummelkurzes Gefährt mit sechs Rädern und einem überdimensioniert langen Schornstein. Und doch läutete das putzige Fahrzeug eine neue Epoche ein: das Eisenbahnzeitallter, Mobilität für jedermann. Das Maschinchen war die erste in Bayern hergestellte Lokomotive. Nach englischen Vorbildern konstruiert, wurde sie im September 1841 fertiggestellt und erreichte Tempo 32. Nur rund 160 Jahre liegen somit zwischen diesem ersten „bayerischen Dampfwagen" und dem heutigen „ICE 3", der überhaupt keine erkennbare Lokomotive mehr hat. Die ganze Antriebstechnik ist bei diesem neuesten, bis zu 330 Stundenkilometer schnellen ICE nach dem Unterflur-Prinzip – unter dem Fußboden – angeordnet.

Der Dampfwagen läutete auch die Erfolgsgeschichte einer Fabrik ein, die in einer nach heutigen Maßstäben exotischen Gegend lag: mitten im Englischen Garten von München. Ihr Erbauer war nicht Techniker, sondern Besitzer einer Tabakfabrik im

Die Dreherei (oben) und die mechanische Werkstatt (unten) des Maffei'schen Eisenwerks

Archiv KraussMaffei

Montage im Freien. In dem Werk in der Hirschau waren damals rund 230 Arbeiter beschäftigt (etwa 1850) Archiv KraussMaffei

Sogenannte „Schwanzhämmer" in der Hirschau werden vom Wasserrad über Nockenwellen gehoben und fallen dann mit dem eigenen Gewicht frei herab (etwa 1850) Archiv KraussMaffei

Maffei-Lokomotive „Kufstein" für die Königlich Bayerische Staatsbahn 1854 in der alten Betriebswerkstätte Augsburg

Archiv KraussMaffei

Münchner Lehel und leitete damit den Aufstieg seiner Familie zu einer der wichtigsten Dynastien der Münchner Wirtschaft ein: Joseph Anton Ritter von Maffei (1790 bis 1870). Unter anderem war er Mitbegründer der Bayerischen Hypotheken- und Wechselbank und des Hotels Bayerischer Hof. Den Grundstein für sein Emporkommen hatte sein begüteter Vater gelegt, der aus Verona zugewandert war und die Tabakfabrik errichtete. Joseph Anton von Maffei selbst wurde bereits in München geboren. In Verona bildeten die Maffei seit Jahrhunderten ein weit verzweigtes Adels- und Handelsgeschlecht, ihr Palast steht noch heute an der Nordseite der „Piazza delle Erbe". In München tragen aktuell die Fabrik „KraussMaffei" in Allach, eine Straße in der Münchner Altstadt, ein „Maffeiblock" in Ramersdorf sowie ein Bankhaus am Promendadeplatz den Namen Maffei.

„Ritter von Maffei'scher Eisenhammer & Gussfabrik" um 1857

Archiv KraussMaffei

Riesige Chancen

Begonnen hatte das Eisenbahnzeitalter in Deutschland und Bayern 1835 mit der ersten Fahrt eines von einer englischen Lokomotive gezogenen Zuges von Nürnberg nach Fürth, und Joseph Anton von Maffei sah hellsichtig die riesigen Chancen des neuen Verkehrsmittels. Die Chancen aber bedeuteten: nicht die englischen Lokomotiven importieren, sondern eigene bauen. So kaufte er 1838 von einer Witwe namens Lindauer für die erhebliche Summe von 57 500

Maffei transportiert seine Loks vom Englischen Garten zum Münchner Hauptbahnhof mittels Pferdegespannen, später mit Dampf-Straßenzugmaschinen
Archiv KraussMaffei

Gulden eine weit nördlich der Münchner Stadtgrenze gelegene Hammerschiede. Der Name der Region – Hirschau – signalisierte, dass sich allenfalls adlige Jagdgesellschaften dorthin verirrten.

Gleichwohl war der Kauf durchaus sinnvoll. Denn zum einen gab es in diesem „Lindauer'schen Hammer", so die volkstümliche Bezeichnung, einen eingeübten Bestand von rund 160 Arbeitern und Taglöhnern aus umliegenden Dörfern, und es gab mehrere schnell fließende Bäche für Wasserräder als Antrieb für den Hammer. Die Örtlichkeit bestimmte auch den Namen. Lange hieß die Fabrik „Eisenwerk Hirschau" oder auch „Maffei'scher Eisenhammer", wie in der KraussMaffei-Firmenchronik „150 Jahre Fortschritt durch Technik" geschildert wird.

Was es nicht gab, und dies bis zum Jahr 1901, war ein Gleisanschluss. 60 Jahre lang mussten die Lokomotiven, insgesamt mehr als 2000, auf gewaltigen Pferdefuhrwerken quer durch die Stadt zum Hauptbahnhof gezogen werden, wobei es die Maffeis verstanden, aus dem Transport jeweils ein großes Spektakel für die Münchner zu machen. Der Transport führte jedes Mal werbewirksam durch die breite Ludwigstraße, begafft und bestaunt von großen Menschenmengen.

Viel wichtiger als die fehlenden Geleise jedoch war die Wasserkraft. Und noch wichtiger wurden die Bäche beim Aufkommen der Elektrizität. Auch hier

Gruppenbild mit Maffei 2'B n2-Lokomotive „Brugg" der Schweizerischen Nord-Ost-Bahn um 1856
Archiv KraussMaffei

Maffei-Lokomotive „Concordia“ der Kaiser-Ferdinands-Nord-Bahn im Jahr 1856 (oben), Maffei-Lokomotive in „Crampton-Bauform“ der bayerischen Ostbahn von 1857 (Mitte) und Maffei-Lokomotive „Regensburg“der Bayerischen Ostbahn, geliefert 1869 (unten)

Archiv KraussMaffei

Maffei-Lokomotive „Klopstock" für die Königlich Bayerische Staatsbahn, geliefert 1879 Archiv KraussMaffei

stand Maffei mit einem der ersten Münchner Elektizitätswerke an der Spit-ze des Fortschritts. Sogar die erste deutsche Elektrizitäts-ausstellung 1882 in München konnte erst mit Hilfe dieser „Kraftstation" stattfinden. Der Strom für die Illuminierung des Glaspalastes und einiger angrenzender Straßen kam über eine fünf Kilometer lange Freileitung aus der Hirschau.

Im Jahr 1901 fasste man die Bäche in der Hirschau zusammen. Übrig blieben der Schwabinger Bach und der Eisbach, und am Eisbach errichete Maffei ein neues, großes Kraftwerk mit drei Wasserturbinen von je 330 PS sowie mit drei Dampfmaschinen, die aber in den dreißiger Jahren des 20. Jahrhunderts als inzwischen unwirtschaftlich abgebaut wurden. Dieses „Tivoli-Kraftwerk", das unter Denkmalschutz steht, ist das einzige Bauwerk, das von der einst riesigen Fabrik in der Hirschau übrig blieb. Die letzten noch vorhandenen Gebäude fielen erst in den fünfziger Jahren des 20. Jahrhunderts der Spitzhacke zum Opfer.

Die Anfänge von 1841 gestalteten sich bescheiden. Die Hammerschmiede war praktisch nur eine Bretterbaracke mit vier qualmenden Schornsteinen. Als technischer Leiter amtierte der Engländer Joseph

Maffei Güterzuglokomotive VII d Type C der Großherzoglichen Badischen Staatseisenbahnen

Maffei Tenderlokomotive VI b Type 1-C-1 der Großherzoglichen Badischen Staatseisenbahnen

Maffei Güterzuglokomotive VIII e Type 1-D der Großherzoglichen Badischen Staatseisenbahnen

Maffei Vorspann-Schnellzuglokomotive C 4/5 der Schweizer Bundesbahnen (Gotthardbahn)

Maffei Vierzylinder-Verbund-Schnellzuglokomotive der Schweizer Bundesbahnen (Gotthardbahn)

Hall, der ursprünglich für die Montage von sechs in England bei Louis Stevenson bestellten Lokomotiven für die München-Augsburg-Eisenbahn nach Bayern gekommen war. Die Bahnlinie wurde vom 25. August 1839 an abschnittsweise eröffnet.

Auch der Schiffbau blüht

Allein vom Lokomotiven-Bau konnte die Fabrik allerdings erst seit 1851 bestehen, so dass Maffei am 15. Januar 1843 in der Augsburger Allgemeinen Zeitung sogar eine Anzeige aufgab. Darin teilte er mit, dass der „Unterzeichnete" sein „Hammer- und Walzwerk vervollständigt und erweitert" und zudem eine völlig neue Gießerei eingerichtet habe und nun „Aufträge jeder Gattung" ausführen könne: „Dampf- und sonstige Kraftmaschinen jeder Construkionsart", „Betriebsmaschinen für Manufakturen, Fabriken, Eisenbahnen etc.", „Werkzeugmaschinen jeder Gattung", Pump- und Wasserwerke, Gebläse, Walzwerke Mühlen und schließlich „militärische, bürgerliche und landwirtschaftliche Geräthschaften". Später baute Maffei sogar Schiffe, insgesamt 33. „Maximilian", 1851 das erste Dampfschiff auf dem Starnberger See, kam aus der Hirschau.

Ihre Blüte erlebte die Fabrik in der Prinzregentenzeit unter Hugo Ritter und Edler von Maffei (1836 bis1921), der 1870 die Nachfolge seines in diesem Jahr verstorbenen Onkels in der Leitung der Firma antrat. Auch Hugo von Maffei war kein Techniker,

Maffei 2-B-2 Vierzylinder-Heissdampf-Verbund-Schnellzuglokomotive der Bayerischen Staatsbahnen

Maffei 2-C-1 Schnellzuglokomotive der Großherzoglichen Badischen Staatseisenbahnen (100 km/h)

Maffei Vierzylinder-Doppelzwilling-Schnellzuglokomotive der Niederländischen Cantralbahn

Maffei Vierzylinder-Verbund-Schnellzuglokomotive der Badischen Staatseisenbahn

Maffei Vierzylinder-Verbund-Güterzuglokomotive der Bayerischen Staatseisenbahnen

Maffei Vierzylinder-Verbund-Schnellzuglokomotive der Badischen Staatseisenbahnen

Maffei Vierzylinder-Verbund-Schnellzuglokomotive der Bayerischen Staatsbahnen

Bayerische Vierzylinder-Verbund-Heissdampf-Personenzuglokomotive P 3/5, gebaut von Maffei 1921

sondern gelernter Landwirt. Dennoch führte er die Firma zu weltweiter Bedeutung und stieg dadurch zu einem der einflussreichsten Wirtschafts- und Industriemagnaten im Königreich Bayern auf.

In den zwanziger Jahren des 20. Jahhunderts folgte ein wirtschaftlicher Niedergang, so dass der Betrieb am 12. Januar 1931 von der „Lokomotivfabrik Krauss & Comp." übernommen und 1937 nach München-Allach verlegt wurde. Der aus Augsburg stammende Georg von Krauß (1826 bis 1906), gelernter Schlosser, unter König Ludwig II. geadelt und ein Mitbegründer des Deutschen Museums, hatte seinen Betrieb 1866 auf dem Münchner Marsfeld gegründet. Von der alten Krauss-Fabrik steht noch das Anfang der zwanziger Jahre des 20. Jahrhunderts errichtete und 1937 an die Deutsche Reichsbahn verkaufte ehemalige Verwaltungsgebäude an der Ecke Arnulf-/Helmholtzstraße. Auf den einstigen Eigentümer weist über dem Seiteneingang in der Helmholtzstraße das steinerne Relief eines Arbeiters mit Lokomotive hin.

Für die Unterstützung bei der Bildauswahl gilt Herrn Helge Hufschläger von KraussMaffei ein herzliches Dankeschön.

Maffei 2-C-1 Vierzylinder-Verbund-Heissdampf-Schnellzug-Lokomotive der Deutschen Reichsbahn (Baden) von 1922

Das Bw Ottbergen und der Dampfbetrieb im Raum Südhannover

Ein Bilderbogen

von Udo Paulitz

044 434, eine Lokomotive mit Frontschürze, Ende August des Jahres 1975 auf der Drehscheibe des Bw Ottbergen.

Für viele Eisenbahnfreunde dürfte die Dampfregion des Raumes Südhannover mit den eingeschlossenen Gebieten Harz und Weserbergland noch heute ein Begriff sein. Sie war eine der letzten bei der Bundesbahn, die seit etwa 1970 zu einem internationalen Wallfahrtsort für Eisenbahnfreunde aus nah und fern wurde. Auf allen diesen Strecken setzten bis zum Ende Mai 1976, dem Ende des Winterfahrplanes 1975/76, die Bahnbetriebswerke Lehrte und Ottbergen ihre Güterzugdampflokomotiven ein.

Inspektion der Rauchkammer von 044 682 durch einen Schuppenmann im Bw Ottbergen. Die Aufnahme entstand im April 1976.

Im Lokschuppen des Bw Ottbergen: Die Rauchkammer von 044 084 am 20. Juli 1975

Während beim Bw Lehrte zum Beginn dieses Betrachtungszeitraumes neben einem Restbestand weniger Lokomotiven der Baureihe 44 – seit 1968 wurden diese Maschinen bekanntlich als 044 bezeichnet –, die schließlich am 20. März 1972 alle an das Bw Ottbergen abgegeben wurden, nur noch Lokomotiven der Baureihe 50 (ab 1968 lautete die Bezeichnung 050 bis 053) beheimatet waren, war Ottbergen schon seit jeher eine Domäne der BR 44. Diese Maschinen waren bereits seit dem Spätsommer 1937 dort heimisch und seinerzeit fabrikneu dorthin geliefert worden. Sie wurden sogleich im schweren Güterzugdienst, vorzugsweise auf den langen Rampenstrecken der Ost-West-Rollbahn Ruhrgebiet - Altenbeken - Nordhausen eingesetzt und lösten die infolge des seit dem Ende der Weltwirtschaftskrise stark gestiegenen Transportaufkommens überforderten G 12 ab.

Trotz des stark zurückgegangenen Betriebes infolge Grenzziehung im Zweiten Weltkrieg, blieb der Ottbergener Lokbestand mit etwa 20 bis 25 Maschinen in den Nachkriegsjahren relativ konstant, da sich diesen Maschinen neue Aufgaben durch die Veränderung der Verkehrsströme erschlossen hatten. Fortschreitende Elektrifizierungsmaßnahmen aber führten zum Ende der sechziger Jahre zu einer schrittweisen Bestandserhöhung dieser Baureihe, da aus anderen Dienststellen der BD Hannover immer mehr der dort überflüssig gewordenen, rostgefeuerten Maschinen dorthin umstationiert wurden. So wies das Bw Ottbergen am 1. Januar 1970 einen Bestand von 40 Lokomotiven dieser Baureihe auf. Diese wurden auch durch die Bw-Dienststellen Altenbeken,

044 084 am 10. August 1975 neben dem Lokschuppen des Bw Northeim.

044 084 und 050 446 des Bw Lehrte (beide Lokomotiven mit Schürze) am 27. August 1975 auf den Standgleisen des Bw Northeim. Die Aufnahme verdeutlich die baulichen Unterschiede der beiden bei der Bundesbahn am meisten verbreiteten Dampflok-Güterzugbaureihen.

Northeim, Hildesheim, Goslar, Braunschweig und Seelze eingesetzt. Sie bespannten weiterhin die schweren Güterzüge auf den Strecken des Weserberglandes und des Harzes mit den Zielorten Hamm, Altenbeken, Herzberg, Detmold, Löhne, Veltheim, Hildesheim, Braunschweig, Oker, Seesen, Kreiensen, Goslar, Bad Harzburg, Langelsheim, Lehrte, Helmstedt, Beddingen, Salzderhelden, Northeim, Seelze, Hannover-Linden, Braunschweig, Peine, Hameln, Schöningen, Vorwohle und Holzminden. Dazu kamen noch einige wenige Personenzüge zwischen Göttingen und Hann.-Münden, Altenbeken-Hameln und Göttingen-Bodenfelde.

Während die Planleistungen für diese Baureihe zurückgingen, waren immer mehr Sonderleistungen zu fahren. Trotzdem wurden im Winterfahrplan 1969/70 immer noch 23 Loks planmäßig benötigt. Im September 1970 war die planmäßig benötigte Anzahl auf 25, im Laufe des Winterfahrplanes sogar auf 27 Lokomotiven dieser Baureihe gestiegen.

Als im Mai 1971 der elektrische Betrieb von Hannover über Hameln nach Altenbeken aufgenommen worden war, gingen die Planleistungen auf 16 Loks drastisch zurück. Deren Laufleistungen sanken ebenfalls. Nur dem Mangel an E-Loks der Reihe 140

Die markante Front der Lokomotive 050 446 fotografiert am 27. August 1975.

Hier ist 044 481, gleichfalls eine Frontschürzenlok, am 18. März 1976 im Bahnhof Herzberg zu bewundern. Rechts im Hintergrund ist der charakteristische Lokschuppen ohne Dach der Bw-Außenstelle Herzberg sichtbar.

044 256 am 9. April 1975 in der Bw-Außenstelle Herzberg.

war es zu verdanken, dass bis zum Juni 1973 auf dieser Strecke, nun unter Fahrdraht, Ottbergener Lokomotiven noch Züge zu befördern hatten.

Der Personalbestand des Bw Ottbergen war gleichfalls abgesunken. Befanden sich im Jahre 1964 noch 124 Personale im Triebfahrzeugdienst, so waren es Ende des Jahres 1971 nur noch 95.

Infolge der zeitweise guten konjunkturellen Lage erhöhten sich vielerorts die Zuglasten, sodass die auf dem Abschnitt von Lehrte über Braunschweig nach Helmstedt bisher von Loks der Baureihe 50 des Bw Lehrte gezogenen Güterzüge damit überfordert wurden und man daher auf die stärkere Baureihe 44 zurückgreifen musste. Demzufolge stieg der Planbedarf während des Winterfahrplans 1972/73 erneut von 18 auf 22 Maschinen.

Weitere Einschneidungen ergaben sich nach ausreichender Anlieferung neuer E-Loks der Reihe 140, die den Güterzugdienst auf der Strecker Hamm - Paderborn - Altenbeken - Kassel übernahmen. Nur noch wenige Sonderleistungen wurden seither auf den elektrifizierten Strecken mit Dampfloks gefahren. Im Sommerfahrplan 1973 wurden zwar noch 21 Planloks benötigt, aber deren tägliche durchschnittliche Laufleistung sank von bisher 308 auf nunmehr 235 Kilometer recht drastisch.

Die ölgefeuerte Güterzuglokomotive 043 364 des Bw Rheine war die letzte DB-Dampflok, die im Ausbesserungswerk Braunschweig eine L-2-Untersuchung erhielt. Auf diesen am 24. Juli 1975 fotografierten Bildern sind die Arbeiten noch nicht beendet.

Am gleichen Tag befand sich die ebenfalls in Rheine stationierte 042 106 am östlichen Ausgang des umfangreichen Braunschweiger Rangierbahnhofs auf einer Probefahrt.

Die Lokmannschaft von 050 737 wartet im Bahnhof Bad Harzburg am 16. August 1975 mit dem E 3104 auf Ausfahrt.

Der Meister dieser Lokomotive, Hauptlokführer Göldenitz, bei der Inspektion des Triebwerks vor der Abfahrt. Das wichtigste Werkzeug bei derartigen Tätigkeiten war der Hammer.

Die wieder rückläufige Konjunktur und die Ölkrise tat ein übriges und führte auch bei den Sonderleistungen zu stärkeren Einschränkungen. Trotzdem wurden auch im Winterfahrplan 1973/74 weiterhin 21 Planloks vorbehalten. Der Mangel an leistungsfähigen Dieselloks sicherte den Ottbergener 44 zunächst weiterhin ein Überleben. Der Maschinenbestand des Bw hingegen hatte sich zum Stichtag 20. August 1973 infolge weiterer Umstationierungen auf insgesamt 48 Maschinen erhöht.

Auf Grund des Diesellokeinsatzes durch das Bw Braunschweig wurden ab Sommerfahrplan 1974 in Ottbergen nur noch 17 Loks benötigt. Dieser Wert än-

Am 23. Juli 1975 hatte die Lehrter 052 757 den 24-Achsen-Eilzug E 3104 auf dem Abschnitt von Bad Harzburg nach Goslar zu befördern. Die Aufnahme zeigt den abfahrbereiten Zug im Kopfbahnhof von Bad Harzburg.

Ausfahrt des von 052 757 geführten Eilzuges E 3104 am 23. Juli 1975 aus Bad Harzburg. Im Bild ist die in Deutschland damals wohl einmalige, glücklicherweise auch heute noch erhaltene Signalbrücke zu sehen.

derte sich auch in der folgenden Winterfahrplanperiode nicht; dies bei durchschnittlich 303 Kilometer pro Betriebstag. Im Sommerfahrplan 1975 waren es dann noch 13 Maschinen und der langsame Niedergang der Dampfleistungen war unübersehbar geworden.

Durch Ausmusterungen ging der Lokbestand auch langsam zurück. Während am 1. Januar 1975 noch 36 Lokomotiven zum Bestand zählten, waren es ein Jahr später nur noch 31 Maschinen. 22 Loks erlebten noch das endgültige Dampfende am 29. Mai 1976. Letztmalig am 15. Januar 1976 erhielt der Lokbestand eine Aufstockung durch Umstationierung der letzten acht 44 des Bw Emden.

Eine bemerkenswerte Leistung im Reisezugdienst war die Beförderung des E 3104 auf dem Streckenabschnitt von Bad Harzburg bis Goslar mit einer 44er.

Da zum Sommerfahrplan der elektrische Betrieb von Hannover über Lehrte und Braunschweig bis Helmstedt aufgenommen wurde, waren damit die bisher dort eingesetzten Dieselloks für andere Aufgaben frei geworden. Dies bedeutete das Ende für

Unter einer herrlich weißen Dampfwolke kämpft sich die Lokomotive 044 360 mit dem mit rund 1200 t Zuggewicht gut ausgelasteten Nahgüterzug Ng 63 242, von Ottbergen kommend, am frühen Morgen des 5. April 1976 bei Bad Driburg mühsam die 1:90-Steigung hinauf.

Am 16. April 1976 war es die Lokomotive 044 552 mit einer weiteren Maschine dieser Baureihe, die mit vereinter Kraft den schweren nachmittäglichen Dg 53 842 auf der Rampe von Ottbergen nach Altenbeken bei Brakel beförderten.

Auf Talfahrt im Abschnitt von Altenbeken nach Ottbergen in der Nähe der Ortschaft Herste befand sich am 2. August 1975 der Dg 53 853 mit seiner Lokomotive 044 381.

Ein westlich von Brakel gelegenes freies Feld war am 7. April 1976 Schauplatz der flotten Vorbeifahrt der Lokomotiven 044 210 und 044 389, die an diesem Tage den Dg 53 842 am Haken hatten.

die Ottbergener 44 und gleichzeitig das Dampfende auf allen Strecken dieses Raumes. Für mehr als 38 Jahre hatte die Baureihe 44 das Bw Ottbergen geprägt. Dieselloks, nun teilweise in Doppelbespannung, übernahmen fortan die Dienste der Dampflokomotiven. Während sechs Maschinen bereits am 2. Juni 1976 Z-gestellt wurden, erfolgte für die Mehrheit der Maschinen noch für kurze Zeit eine Umbeheimatung zum Bw Gelsenkirchen-Bismarck. Wenig später endeten aber auch sie als Schrott in den Hochöfen.

Das Bw Lehrte hingegen war schon seit jeher eine Hochburg für die zweizylindrige und leichtere Güterzugbaureihe 50 gewesen und konnte – ähnlich wie die Baureihe 44 aus Ottbergen – auf eine ähnlich lange Geschichte zurückblicken. Im Schnitt befanden sich dort immer zwischen 35 und 45 Maschinen im Bestand, von denen die vom Bw Lehrte und Braunschweig eingesetzten Maschinen zu Beginn der siebzigerer Jahre vor allem den Güterzugdienst auf den Strecken zwischen Seelze - Lehrte - Peine - Braunschweig - Helmstedt sowie von Lehrte nach Beddin-

Unter einer furcherregenden schwarzen Qualmwolke verließ zwei Tage später, am 9. April 1976 gegen 18.20 h die Ottbergener 044 389 mit ihrem Dg 53 853 den gleichnamigen Güterbahnhof in Richtung Herzberg.

Hier befindet sich am 10. April 1976 eine Lokomotive der BR 44 (deren Nummer war durch die große Entfernung leider nicht zu erkennen) mit dem Dg 53 849 auf dem östlich des Bahnhofs Ottbergen gelegenen aufgeschütteten Damm in Fahrt in Richtung Herzberg.

044 334 mit dem Dg 53 849 am 12. April 1976 in schneller Fahrt im landschaftlich reizvollen Weserabschnitt bei Karlshafen. Es galt Schwung zu holen für den in Bälde beginnenden langen Steigungsabschnitt nach Uslar.

In der Nähe des Bahnhofs Karlshafen folgt die Strecke nach Northeim dem Lauf der Weser. 044 085 passierte am 7. Mai 1975 mit dem Dg 53 849 diesen Abschnitt mit seinen steil abfallenden Felshängen und erzeugte eine Spiegelung in dem ruhig dahinfließenden Fluß.

Auf ihrem Weg nach Herzberg donnerte 044 319 mit dem morgendliche Dg 53 845 am 17. Juli 1975 nahezu rauchlos die lange Steigung westlich des 960 m langen Ertinghäuser Tunnels hinauf.

In der Gegenrichtung auf dem Abschnitt Hardegsen - Ertinghausen ist es am frühen Nachmittag des 26. Mai 1976 – weniger als eine Woche vor dem leider unvermeidlichen Dampfende – Lok 044 671, die mit dem Dg 53 842 die lange Steigung befährt.

Die starke Hitze eines Julitages des Sommers 1975 ließ den Abdampf der auf anstrengender Bergfahrt befindlichen Lokomotive 044 067 nur als ein Flimmern aus dem Kamin hervortreten. Die Maschine zog den Dg 53 842 in der Nähe des Haltepunktes Ertinghausen bergan.

Ein dichtes Waldgebiet säumt die Bahnstrecke in der Nähe des Bahnhofs Hardegsen, durch welches sich am 8. August 1975 Lok 044 149 mit dem aus Herzberg kommenden Dg 53 842 die Steigung heraufarbeitete.

gen, Grasleben, Fallersleben, Wolfsburg, Vorsfelde und Oebisfelde bedienten. Vom Bw Goslar aus befuhren die Lehrter 50 die Harzstrecken nach Bad Harzburg, Oker, Langelsheim, Münchehof (Harz), Bad Salzdetfurth, Hildesheim und Braunschweig. Das Bw Northeim setzte die 50 nach Herzberg, Walkenried und Ellrich/DDR ein. Währenddessen verrichteten die von den Betriebswerken Löhne und Hameln aus eingesetzten Maschinen Dienste nach Bielefeld, Paderborn, Osnabrück Rbf, Herford und Ottbergen. Das Einsatz-Bw Goslar bespannte außerdem mehrere Reisezüge. Rund die Hälfte der Maschinen wurden planmäßig benötigt. Darüber hinaus fielen fast täglich Sonderleistungen, u.a. bis Hamm/Westfalen, aber auch die Gestellung von Bereitschaftsloks an.

Ebenso wie für den 44er-Lokbestand waren auch für die Baureihe 50 in diesem Raum die fortschreitenden Elektrifizierungsarbeiten bestimmend. Im Zuge dieser Maßnahmen wurden viele 50er arbeitslos und am 28. Mai 1972 endete die Dampflokunterhaltung in den Bw Braunschweig, Hameln und Goslar. Die meisten dieser überflüssig gewordenen Maschinen wurden nach Lehrte umbeheimatet. Damit erhöhte sich der Lokbestand dieser Baureihe in Lehrte zum 1. Juni 1972 auf insgesamt 80 Maschinen.

Der bei den Eisenbahnfreunden so begehrte Ganzzug Gag 47 861 musste auf dem Abschnitt von Northeim bis Ellrich/DDR stets von zwei Dampflokomotiven befördert werden. In aller Frühe des 14. August 1975 machen sich östlich des Bahnhofs Hattorf die Maschinen 044 326 (als Zuglok) und 050 525 am Schluss des Zuges nützlich.

Unter einer weißen Dampfwolke zog am 27. August 1975 Lok 044 084 den langen Ng 64 431 durch die kurz vor dem Bahnhof Herzberg gelegene Kurve über die 1:105 betragende Steigung.

Am 25. August 1975 hatte der in Richtung Ottbergen fahrende Dg 53 842 mit seiner Lokomotive 044 591 den Bahnhof Herzberg hinter sich gelassen. Die Fahrt führt bis Northeim im Gefälle.

Wir befinden uns an der östlichen Ausfahrt des Bahnhofs Herzberg. Am 26. Juli 1975 gegen 10.50 h erhielt die Lehrter 050 396 mit dem schweren, nach Ellrich/DDR bestimmten Dg 45 867 Ausfahrt.

Am 31. Juli 1975 hatte der auch als „Ulbrichtzug" bezeichnete Gag 47 861 wieder einmal seinen großen Auftritt. Die Zuglok 044 389 passierte zusammen mit einer auf diesem Bild nicht sichtbaren Drucklok der Baureihe 50 einen vor der Ortschaft Barbis gelegenen beschrankten Straßenübergang.

Am 6. Februar 1976 war es die Lokomotive 052 983, die den Dg 45 867 bei kaltem Winterwetter östlich von Herzberg in Richtung Ellrich beförderte.

Zu Beginn des Winterfahrplans 1972/73 wurden weitere zwölf Lokomotiven des Bw Hamburg-Rothenburgsort nach Lehrte umstationiert und damit erreichte der Bestand des Bw nach einigen zwischenzeitlich erfolgten Ausmusterungen mit 87 Lokomotiven seinen absoluten Höhepunkt! Trotz einiger Z-Stellungen betrug der Bestand zum Jahresende 1972 immer noch 71 betriebsfähige Lokomotiven.

Auch im Laufe des Jahres 1973 blieb der Bestand von Z-Stellungen und Ausmusterungen nicht verschont, sodass sich am 31. Dezember 1973 „nur" noch 60 betriebsfähige Maschinen im Bestand dieses Bw befanden. Im Sommerfahrplan 1974 wurden noch 29 Maschinen zur Deckung des Planbedarfs benötigt.

Im Winterfahrplan 1974/75 setzte das Bw Lehrte in den Dienstplänen 01 und 02 neun bzw. 13 Lokomotiven ein, die durchschnittlich 199 bzw. 190 km pro Tag zurücklegten. Der Planbedarf sank auf 22 Maschinen. Zum Jahresende 1974 hatte sich der Bestand wieder auf 66 Loks dieser Baureihe verändert.

Am 12. April 1975 herrschte ein schauderhaftes Aprilwetter mit Sturm und Dauerregen, was aber den Fotografen nicht davon abhalten konnte, dem „Ulbrichtzug" Gag 47 861 mit der Zuglok 044 434 und Drucklok 050 229 in der Nähe des Bahnhofs Osterhagen, dem Brechpunkt der langen Steigung nach Ellrich, aufzulauern.

Eine Kurve östlich der Ortschaft Barbis war am 30. August 1975 Schauplatz der anstrengenden Bergfahrt der Lok 051 397, die den gut ausgelasteten Dg 45 867 in langsamer Fahrt den Berg hinauf zog.

Am 3. April 1975 war die Landschaft am Südrand des Harzes noch von einer dünnen Schneedecke überzogen. An diesem Tag zog Lok 052 244 den aus Ellrich kommenden Dg 45 860 durch den Bahnhof Bad Sachsa.

Einer der zahlreichen, zwischen den Bahnhöfen Walkenried und Ellrich gelegenen Fischteiche, bildete den Vordergrund für die am 11. April 1975 entstandene Aufnahme des Dg 45 868 mit der Tender voraus fahrenden Lokomotive 052 188.

Eine ähnliche Berühmt- und Begehrtheit wie der „Ulbrichtzug" bei Eisenbahnfotografen besaßen die wenigen, jeweils im Frühjahr in Richtung Ellrich verkehrenden, aus gedeckten Güterwaggons bestehenden Düngerzüge, die infolge ihres hohen Gewichts bis Herzberg von zwei Lokomotiven der BR 44 gezogen werden mussten. Hier befindet sich ein solcher Zug, der Dg 48 961 mit seinen Lokomotiven 044 491 und 044 256 auf dem Abschnitt von Seesen nach Herzberg.

Bei den Eisenbahnfreunden weniger bekannt war der auf dem Abschnitt von Kreiensen nach Ottbergen stattfindende Zugverkehr. Ein stets gut ausgelasteter, schwerer Zug war der nachmittägliche Dg 54 312, der am 23. Juli 1975 mit seiner Lokomotive 044 204 aus dem Bahnhof Kreiensen in Richtung Ottbergen Ausfahrt erhielt.

Drei Tage später, am 26. Juli 1975 zog 044 326 den gleichen Zug mit donnerndem Drillingstakt durch eine westlich von Kreiensen in einer Steigung gelegenen langen Kurve.

Am 27. August 1975 verkehrte zwischen den Bahnhöfen Adelebsen und Göttingen der Schotter-Bedarfszug Gag 72 021 mit der Lokomotive 044 067. Hier ist der sehenswerte Zug in der Nähe der Ortschaft Lödingen zu sehen.

Gleichfalls ein sehr sehenswerter Zug war der 800 t schwere, von Langelsheim nach Gladbeck West bei Bedarf verkehrende Kesselwagenzug Gag 57 422. Hier windet sich der lange „Langelsheimer" mit seiner Lokomotive 044 085 in der starken Steigung bei Greene am 29. August 1975 durch die Kurven.

Am 30. Juli 1975 war es 044 390, die den „Langelsheimer" zu befördern hatte. Auf diesem Bild donnert die Maschine mit ihrer schweren Last die sichtbar starke Steigung zum Bahnhof Naensen hinauf.

Ab Sommer 1975 wurde Lehrte das alleinige 50er-Bw im Bereich der BD Hannover. Das zur gleichen Direktion gehörende Bw Emden gab vier Loks ab; das Bw Uelzen deren letzte 14 Maschinen.

Knapp die Hälfte der bisherigen Planleistungen entfielen zum Sommerfahrplan 1975. Planmäßig wurden von Lehrte zwölf Maschinen eingesetzt. Als eine der Domänen blieb der grenzüberschreitende Güterzugverkehr auf dem steigungsreichen Abschnitt Herzberg - Ellrich/DDR. Im Winter 1975 wurden noch acht bzw. drei 50er eingesetzt. Dieser ab 28. September 1975 gültige Umlaufplan des Bw Lehrte war gleichzeitig der letzte Umlauf der DB für die Baureihe 50. Es waren immer noch 58 Maschinen dieser Baureihe, die zum Stichtag 31. Dezember 1975 diesem Bw angehörten.

Da diese Maschinen durch die fortgeschrittene Elektrifizierung überflüssig geworden waren, wurden am 29. Mai 1976 alle Lehrter Dampfloks abgestellt und eine große Ausmusterungswelle rollte über das Bw hinweg. Nur wenige Maschinen wurden davon verschont und deren letzte sieben Vertreter wurden am 25. August 1976 noch für kurze Zeit zum Bw Duisburg-Wedau der BD Essen verlegt, welches damit die endgültig letzte Heimat für diese Baureihe bei der Deutschen Bundesbahn wurde.

044 591 passiert mit ihrem Nahgüterzug Ng 64 448 am 30. Juli 1975 in voller Fahrt den Bahnhof Salzgitter-Ringelheim. Das Hauptsignal zeigt HP 1, d.h. Geschwindigkeit ohne Fahrtbeschränkung, welche dem Lokführer durch den Buchfahrplan diktiert wird.

Eine Lokomotive der Baureihe 50 mit einem Nahgüterzug als Schattenriss auf einem Damm im Abendlicht des 13. September 1974 in der Nähe von Neuekrug-Hahausen.

Am 11. September 1974 hatte Lok 050 615 zwischen Neuekrug-Hahausen und Lutter a.B. den Ng 64 199 am Haken. Hinter der Lok hatte man zwei sehenswerte Vorkriegsschnellzugwagen eingestellt.

Die Lokomotive 044 557 hatte am 20. August 1975 den Ng 64 448 zu befördern. Hier passiert der relativ kurze Zug auf seiner Fahrt in Richtung Neuekrug-Hahausen bei tiefstehender Abendsonne das Stellwerk Lof des Bahnhofs Lutter a.B.

044 381 als Lz (Lok ohne Zug) im April 1974 in der Nähe von Neuekrug-Hahausen.

044 492 hatte am 21. August 1975 den Ng 64 448 zu ziehen. Hier befährt der Güterzug unter einer schwarzen Qualmwolke einen Damm zwischen Neuwallmoden und Lutter a.B.

052 244 als Lz 86 139 am 11. September 1974 in der schönen Landschaft des Harzvorlandes bei Neuekrug-Hahausen.

044 390 erhielt am 10. September 1974 im Bahnhof Hämelerwald, an der Strecke von Braunschweig nach Lehrte, Überholung durch einen dieselgeführten Reisezug. Die Strecke ist wieder frei und der Güterzug setzt sich nun unter einer mächtigen Qualmwolke wieder in Bewegung.

Die Lokomotive 050 446 gehörte zu den wenigen damals noch mit einer Frontschürze bestückten Maschinen dieser Baureihe. Am 5. September 1974 zog diese Lok den Leerzug Lr 79 717 zwischen den Bahnhöfen Hämelerwald und Vöhrum.

Am 11. September 1974 befördert die Lokomotive 051 342 (eine Maschine mit Schürze) den Gag 75 109, einen Kalkzug aus Münchehof zwischen Neuekrug-Hahausen und Lutter a.B.

Am 10. September 1974 kam es in der Nähe der Blockstelle Steinwedel zwischen Lehrte und Hämelerwald zu einer Zugkreuzung zweier Güterzüge in voller Fahrt, die von den Maschinen 051 745 und 044 149 gezogen wurden. Derartige Momentaufnahmen waren stets eine Glückssekunde für den Fotografen.

044 326 des Bw Ottbergen befördert am 10. September 1974 einen sehenswerten aus Silowaggons bestehenden Ganzzug in der Nähe des Hämelerwaldes zwischen Lehrte und Braunschweig.

051 816 mit einem langen sehenswerten Ganzzug im schweren Hauptbahndienst beim Passieren des Hämelerwaldes auf der Fahrt in Richtung Lehrte am 10. September 1974.

051 816 beförderte am 7. September 1974 einen Güterzug in der Nähe des Hämelerwaldes in Richtung Peine.

Die „h3"-Dreizylinderlokomotiven

Die geschichtliche Entwicklung

von Lothar Spielhoff

Die Dreizylinderlokomotive, deren erste praktische Anwendung im Jahre 1846 in England erfolgte, ist bisher weniger als jede andere von der Zweizylinderlokomotive abweichende Bauart im Betrieb verwandt worden. Die Zeit um die Jahrhundertwende des letzten Jahrtausends hat eine immer häufiger werdende Anwendung der Dreizylinderlokomotive gebracht. Es erscheint daher zweckmäßig, einen Rückblick auf die geschichtliche, technische Entwicklung des Baues zu tun und die Bauarten dieser zu würdigen.

Der Vorteil der Dreizylinder- gegenüber der Zweizylinderlokomotive liegt bekanntlich in der symmetrischen Anordnung des dritten Zylinders sowie dessen guter Unterbringungsmöglichkeit in der Mitte des Rahmens, vor allem in der gleichförmigen Drehkraft an der Treibachse, woraus sich eine rasche Beschleunigung beim Anfahren und ein beständiges, gleichmäßiges Laufen während der Fahrt ergibt. Weiterhin waren bei der Dreizylinderlokomotive die unausgeglichenen Massen nicht in dem großen Maß wie bei der Zweizylinderlokomotive bzw. überhaupt nicht vorhanden, so dass infolgedessen weniger oder gar keine senkrechte dynamische Wirkungen bestanden. Dadurch ergab sich eine geringe schädliche Einwirkung auf den Gleiskörper, und somit war eine größere Leistung und ein höheres Reibungsgewicht zugelassen. Die Herstellung für die Vorteile der erforderlichen gekröpften Achse, die einfacher ist als die der Vierzylinderlokomotive, wird früher bei den Herstellungsverfahren kaum als Nachteil zu betrachten gewesen sein.

In England, dem Mutterland des Lokomotivbaues kam erstmals der Gedanke auf, eine Dreizylinderlokomotive zu entwerfen und zu bauen. Stephenson und Howe hatten den ersten Entwurf einer solchen vorgelegt und erhielten 1846 das englische Patent Nr.

Württembergische Schnellzuglokomotive von 1892, 1'B1' n3v der Klasse E „Stockholm", Bahn-Nr. 402, gebaut von Cockerill, Belgien

Foto: Dr. Feißel, Slg. Spielhoff

AD 11086. Dieses Patent sah zwei kleine Außenzylinder und einen großen Innenzylinder vor. Sämtliche Zylinder wurden mit Frischdampf gespeist und wirkten gemeinsam auf die Treibachse. Die Abmessungen der Zylinder waren so gewählt, dass der Rauminhalt eines der kleinen Außenzylinder gleich dem halben Rauminhalt des großen Innenzylinders war. In der Patentschrift stand dies wie folgt zu lesen: „...and the same engine will have two other smaller steam cylinders each being half the capacity of the said central one..."

Die Lokomotive hatte einen Innenrahmen mit zwei vorderen Laufachsen, die fest im Rahmen waren. Die Kurbelstellung, die ja von großem Einfluss auf einen ruhigen Lauf der Lokomotive ist, hatte für die beiden Außenzylinder gleichgerichtete Kurbeln, dagegen war die Kurbel des Innenzylinders gegen die Außenzylinder um 90 Grad versetzt. Durch diese Kurbelstellung, die später noch häufig angewandt wurde und auch im Jahre 1904 beim Bau der ersten Dreizylinderlokomotive, der S9 der Preußischen Staatsbahn (Entwurf Wittfeld), zur Anwendung kam, wurden die störenden Seitenbewegungen der Lokomotive, das sogenannte Schlingern, weitgehend aufgehoben. Diese Erscheinung hatte Stephenson bereits als einen sehr großen Vorteil erkannt und dies in seiner Patentschrift besonders zum Ausdruck gebracht. (... and the intention and effect of one said improvement is to counteract or neutralise any tendency, that the oblique action of the several connecting rods on their respective crank pins may have to produce a lateral vibration or raking motion of the locomotive engine from side to side upon its supporting-spring when it is travelling very rapidly...)

Nach diesem Patent wurde im Jahre 1847 die erste Dreizylinderlokomotive von Robert Stephenson & Co. für die Newcastle and Berwich-Eisenbahn gebaut. Die Ergebnisse mit dieser Bauart waren zufrieden stellend, denn bereits im nächsten Jahr 1848 ließ die gleiche Bahn zwei weitere Lokomotiven in ihrer Werkstätte auf die Dreizylinder-Bauart umbauen. Dabei wurde ein Dienstgewicht von 21,4 t erreicht. Der Treibraddurchmesser der beiden umgebauten Lokomotiven betrug etwa 1600 mm.

Etwa zur gleichen Zeit, wenn nicht etwas früher, erfolgte in Nordamerika die erste praktische Anwendung der Dreizylinderlokomotive. Ob dies auf Kenntnis der Erfindung von Stephenson und Howe beruhte oder ob die gebauten Lokomotiven unabhängig davon entstanden sind, lässt sich heute nicht mehr nachweisen. Jedenfalls wurde 1846 sowie im Laufe des Jahres 1848 von der Philadelphia-Wilmington und Delaware-Bahn in ihren Werkstätten Canton der Bau der ersten Dreizylinderlokomotive ausgeführt. Dabei handelte es sich um den Umbau zweier von Norris gebauter Lokomotiven der 2B-Bauart „George Washington" und „Ohio". Auffallend war, dass die Kurbelstellung die gleiche war wie von Stephenson und Howe.

Ein weiterer Entwurf einer Dreizylinderlokomotive stellte im Jahr 1866 Jules Morandiere (Engineering 1866, Seite 392, Organ 1867, S. 361) für die Londoner Metropolitan Underground Ry. vor. Der Entwurf sah eine Verbundwirkung mit vier Treibachsen vor, von denen je zwei zu einer Radgruppe vereinigt waren (B+B). Die Achsen der vorderen Triebwerkgruppe sollten von zwei großen außen liegenden Niederdruckzylindern, die vordere Achse der hinteren Triebwerkgruppe durch einen innen liegenden geneigten Hochdruckzylinder angetrieben werden. Der Entwurf sah eine Vorrichtung vor, die es ermöglichte, beim Anfahren alle drei Zylinder zunächst mit Frischdampf zu versehen. Der Entwurf kam jedoch nicht zur Ausführung, obwohl er für die damalige Zeit sehr modern war.

Im Jahre 1875 erhielt Andrade (Crensol) ein französisches Patent auf eine Dreizylinder-Verbundlokomotive. Hier wirkten sämtliche Zylinder auf eine gemeinsame Treibachse. Als wesentliche Abweichung der bisher bekannten Bauarten gab es hier eine neue Kurbelstellung: die Kurbeln waren jetzt um je 120 Grad gegeneinander versetzt. Hierdurch wurde ein Mindestmaß des Ungleichförmigkeitsgrades der Drehkraft sowie ein beinahe vollkommener Massenausgleich erreicht. Denn, da die Summe der Kolbenwege aus der Totpunktlage bei jedem Drehwinkel etwa gleich Null ist, heben sich die hin- und hergehenden Massen der drei Triebwerksteile ungefähr auf und es erfolgt kein Rucken der Lokomotive mehr. Auf die Schlingerbewegung ist diese Kurbelstellung im Gegensatz zu der von Stephenson und Howe allerdings ohne Einfluss, da die beiden äußeren Kurbeln infolge ihrer Versetzung um 120 Grad abwechselnd die das Schlingern hervorrufenden Massendrücke erzeugen.

Durch die guten Erfolge des Schweizers Mallet im Jahre 1876 besonders auf dem Gebiet der Brennstoffersparnis mit seinen ersten ausgeführten Zweizylinder-Verbundlokomotiven, die überall berechtigtes Aufsehen erregten, blieb es nicht aus, auch in

Württembergische Güterzuglokomotive von 1892, E n3v, der Klasse G, „Brenner", Bahn-Nr. 802, Bauart Klose, als erster deutscher Fünfkuppler, gebaut von der Maschinenfabrik Esslingen
Foto: Slg. Spielhoff

1'C1' n3 Personenzugtenderlokomotive von 1902, T6 der Preußischen Staatsbahn, gebaut von Schwartzkopff, Berlin
Werkaufnahme, Slg. Spielhoff

1'D1' h3 Versuchstenderlokomotive von 1913 der Preußischen Staatsbahn, für die Berliner Stadtbahn, später unter T14 eingereiht, gebaut von Henschel, Kassel
Foto: Slg. Spielhoff

Folge bei der Dreizylinderlokomotive die Verbundwirkung anzuwenden.

Am 18. Oktober 1879 erhielt der Leider der Kolomnauer Lokomotivfabrik, von Strube, ein deutsches Patent auf den Entwurf einer Dreizylinderlokomotive. Dieses Patent sah zwei außen liegende Niederdruckzylinder und einen innen liegenden Hochdruckzylinder vor, die sämtlich auf eine Treibachse wirkten. Die Kurbelstellung war wieder die alte von Stephenson. Um das Anfahren zu ermöglichen, auch wenn die mittlere Kurbel im Totpunkt stand, war in dem Ausströmungsrohr zwischen dem mittleren und rechten Zylinder ein Schieber vorgesehen, mit dessen Hilfe beim Anfahren auch der rechte Außenzylinder mit Frischdampf versehen werden konnte. Die Bewegungsübertragung für die beiden Schieber der Außenzylinder erfolgte vom rechten, für den Innenzylinder von der linken Schwinge.

Mallet entwarf im Jahre 1879 eine Dreizylinder-Verbundlokomotive, die aber nicht zur Ausführung gelangte. Dieser Entwurf hatte zur Erzielung einer großen Kolbenfläche für den Niederdruck auf der einen Lokomotivseite zwei übereinander liegende Niederdruckzylinder, die an dem selben Kreuzkopf angriffen, der Hochdruckzylinder war auf der anderen Lokomotivseite vorgesehen.

Auch in Amerika wurde in dieser Zeit ein weiterer Versuch mit Dreizylinderlokomotiven, allerdings ohne Verbundwirkung, ausgeführt. Im Jahre 1880 ließ die Pennsylvania Coal Co. unter den Gesichtspunkten der Bauart Stephenson und Howe unter dem Maschinenchef Smith vier kleine dreizylindrige B-Lokomotiven für den Verschubdienst in ihren Bergwerken bauen.

Im gleichen Jahr ließ die Eric und Wyoming Valley-Bahn nach Entwürfen von Smith in den Werkstätten der Dunmore Iron & Steel Co. eine dreizylindrige 2B-Lokomotive bauen. Die Zylinderdurchmesser betrugen 381 mm, die Kurbeln um 120 Grad versetzt, die Steuerung eine Stephenson'sche. Zur gleichen Zeit nahm die Bahn vier dreizylindrige D-gekuppelte Lokomotiven in Betrieb, über die jedoch nichts Näheres bekannt ist.

In Europa verblieb man in den nächsten Jahren bei der Verbundanordnung. Der Maschinendirektor Webb der L.u.N.W.-Bahn ließ eine alte 1A1-Lokomotive auf Zweizylinder-Verbundwirkung umbauen. Im Jahre 1881/82 ließ Webb auf Grund der Erfahrungen mit der umgebauten Lokomotive in den Bahnwerkstätten Crewe eine 1AA-Dreizylinder-Verbundlokomotive bauen, die „Experiment". Diese hatte zwei äußere Hochdruckzylinder mit 292 mm Durchmesser, mit unter 90 Grad versetzten Kurbeln und einem Niederdruckzylinder von 660 mm Durchmesser, der sich unterhalb der Rauchkammer zwischen dem Rahmen befand. Darunter war die Laufachse. Während der Hochdruckzylinder auf die zweite Treibachse, die sich hinter der Feuerbüchse befand, wirkte, arbeitete der Niederdruckzylinder auf die vordere gekröpfte Treibachse. Diese beiden Treibachsen waren nicht gekuppelt, es arbeitete jede Treibachse unabhängig von der anderen. Webb wollte durch das Weglassen der Kuppelstangen den Vorteil der ungekuppelten Lokomotive, insbesondere den leichten Kurvenlauf, erreichen.

Diese Webb'sche Bauart wurde im Jahre 1881 in England unter der Nr. 1128 patentiert. Von dieser Bauart wurden mehr als 200 Lokomotiven gebaut. Allein die Webb unterstellte L.u.N.W.-Bahn hatte während seiner Dienstzeit fast 200 Lokomotiven seiner Bauart bauen lassen. Die Entwicklung der Dreizylinder-Verbundlokomotive Bauart Webb stellt die Tabelle dar:

1882	Type 1AA	„Experiment" ca. 66 und „Compound" 30 Stück
1884	Type 2AA	Versuchter Umbau einer alten 2B-Tenderlokomotive
1884	Type 1AA	„Dreadnought" Nr. 503, 30 Stück gebaut
1885	Type 1AA1	Nr. 687 Personenzug-Tenderlokomotive, mehrere Loks gebaut
1887	Type 1AA	Nr. 777 Güterzug-Tender-Lokomotive, Versuchstype, nur 1 Lok gebaut
1887	Type 1AA1	Nr. 3000 „Greater Britain"-Klasse, Personenzug-Tenderlokomotive, mehrere gebaut
1889	Type 1AA1	Nr. 1301 „Teutonic"-Klasse, 10 Stück gebaut
1893	Type D	Nr. 50 Güterzuglokomotive, 111 Stück gebaut
1894	Type 1AA1	„Queen-Empress"-Klasse, später „John-Hick"-Klasse, 20 Stück gebaut

2'B2' n3v Schnellfahrlokomotive von 1904, Gattung S9, Altona 561, später Hannover 999, der Preußischen Staatsbahn, Bauart Wittfeld, gebaut von Henschel, Kassel
Foto: Slg. Spielhoff

Durch das große Ansehen, das Webb auch im Ausland hatte, wurde seine Lokomotiv-Bauart auch in anderen Ländern versuchsweise eingeführt. So wurde im Jahre 1884 von der Fa. Sharp, Stewart & Co. je eine 1AA für die Österreich-Ungarische Staatseisenbahn-Gesellschaft, die „Combermere", und eine für die Französische Westbahn gebaut.

Die Oudh und Rohilkhand-Eisenbahn in Ostindien führte ebenfalls einen Versuch mit der Webb'schen Bauart durch. Sie ließ bei der Fa. Dubs & Co. in Glasgow eine 1AA-Dreizylinder-Verbundlokomotive bauen, die aber 1894 auf Veranlassung von Richies durch Anbringung von Kuppelstangen in eine 1B-Lokomotive umgebaut wurde.

In Amerika bezog die Pennsylvania-Bahn 1889 von der Fa. Beyer und Peacock in Manchester eine 1AA-Lokomotive Webb'scher Bauart. Auch bei den Bahnen in Südamerika, die ja größtenteils unter englischem Einfluss standen, fand die Bauart Eingang.

So ließ die Buenos Aires Western-Bahn 1885 bei der Fa. Dubs & Co. eine 2AA-Lokomotive bauen, ebenso 1885 die Paulista-Eisenbahn eine 2AA-Lokomotive bei den Atlas-Werken in Manchester.

Bis zum Jahre 1894 hatte Webb neun verschiedene Bauarten nach seinem System bauen lassen. Mit Ausnahme der D-Lokomotiven hatten alle Bauarten nie eine Kupplung der Achsen. Da aber die Anzugkraft seiner Lokomotiven infolge der fehlenden Kuppelstangen nicht größer sein konnte als bei Einkupplern, war es schwierig, das übliche Zuggewicht mit diesen Lokomotiven zum Anfahren zu bringen. Da sehr häufig die Lokomotiven nicht anfahren konnten, weil die Kurbelzapfen des großen und einer der kleineren Zylinder im Totpunkt standen, kam es, dass nach Webbs Rücktritt selbst auf der London und North Western-Bahn die Lokomotiven der Webb'schen Bauart, mit Ausnahme der D-Type, sämtliche in Betrieb als mangelhaft und ungenügend in der Leistung ausgemustert und verschrottet wurden. Sie genügten den wachsenden Anforderungen des Verkehrs nicht mehr.

Die D-gekuppelten Güterzuglokomotiven, die in den Jahren 1893 bis 1899 gebaut wurden, bei denen alle drei Zylinder auf die Treibachse wirkten, hatten sich als gut und brauchbar erwiesen. In späteren Jahren wurden sie in Zwillingsbauart umgebaut.

Webb führte 1892 den Versuch mit einer Dreifach-Verbundlokomotive durch. Die in Crew gebaute hat nur wenige Versuchsfahrten auf der L.u.N.W.-Ry durchgeführt. Dieser Versuch stellte wohl den ersten mit dreifacher Dampfdehnung an einer Lokomotive dar.

2'C h3 Schnellzuglokomotive von 1914, Gattung $S10^2$ der Preußisch-Hessischen Staatsbahn, seit 1920 Reichsbahn-Reihe 17^2, S35.17, gebaut von verschiedenen Werken
Foto: Slg. Spielhoff

Im Jahre 1887 ließ der Leiter der Französischen Nordbahn in der Werkstätte La Chapelle, Eduard Sauvage, eine 1C-Dreizylinder-Verbundlokomotive entwerfen und bauen. Im Gegensatz zu den bisherigen Bauarten hatte diese zwei äußere Niederdruckzylinder und einen inneren Hochdruckzylinder. Die Lok wurde am 1. August 1887 in Betrieb genommen und 1889 auf der Pariser Weltausstellung vorgestellt. Sie besaß eine Anfahrvorrichtung System Winterthur, konnte vorwärts, sowohl mit Verbund- oder Zwillingswirkung arbeiten, rückwärts nur mit Zwillingswirkung. Bemerkenswert war an dieser Lok die Art der Kurbelstellung. Abweichend von den bisher bekannten Ausführungen standen die Kurbeln der

1'D1' h3 Personenzuglokomotive von 1922, preußische Gattung P10, Deutsche Reichsbahn Reihe 39^{0-2}, P46.19, gebaut von verschiedenen Werken
Foto: Slg. Spielhoff

1'E h3 Güterzuglokomotive von 1917, Gattung G12 der Preußisch-Hessischen Staatsbahn, seit 1920 Reichsbahn – Reihe 58^{10-22}, G56.16, gebaut von verschiedenen Werken, Einheits-Güterzuglokomotive der deutschen Staatseisenbahnen, Bild zeigt Lok mit Gegendruckbremse Foto: Slg. Spielhoff

beiden äußeren Zylinder wie bisher bekannt unter 90 Grad, während die innere Hochdruckkurbel in der Symmetrieachse der beiden äußeren liegt, also unter 135 Grad zu diesen. Durch diese Anordnung würde eine gute gleichmäßige Anfachung des Feuers erzielt. Da der innere Zylinder hierbei nicht mitwirkte, wurde der gewöhnliche Viertaktauspuff der Zwillingsmaschine mit einer Auspuffperiode von 90 Grad erreicht, während diese bei 120 Grad Versetzung abwechselnd 60 Grad bzw. 120 Grad betrug.

Auf die Ruhe des Ganges der Lokomotive übte diese Art der Kurbelstellung allerdings keinen besonderen Einfluss aus.

Einen ähnlichen Entwurf wie der von Mallet erwähnte, führte 1889 Lapage durch. Dieser hatte zwei gleiche Zylinder, wobei der Hochdruckzylinder auf der linken, die beiden Niederdruckzylinder auf der rechten Lokomotivseite angebracht waren. Die Steuerung war ebenfalls anders als beim Mallet'schen Entwurf. Der bereits erwähnte John Richie, Betriebsingenieur der Indischen Nordwestbahn, entwarf und baute 1991 für seine Bahn unter Verwendung des französischen Patents Andrade eine 1B-Dreizylinder-Verbundlokomotive mit dreifacher Dampfdehnung.

Beim Entwurf Andrade wirkten sämtliche Zylinder auf eine Treibachse, die Kubeln waren um 120 Grad zueinander versetzt. Die Zylinderdurchmesser betrugen für den Hochdruck 335 mm (links außen), 510 mm für den Mitteldruck (rechts außen) und 710 mm für den Niederdruck (innen). Die Hochdruck- und Mitteldruckzylinder waren doppelt, der Niederdruckzylinder einfach wirkend. Um das Anfahren zu ermöglichen, auch wenn der Hochdruckzylinder sich im Totpunkt befand, war der vordere Dampfdom mit einem Frischdampfhahn versehen, der es ermöglichte, gleichzeitig in zwei Zylinder Frischdampf einzulassen. Besonders erwähnenswert ist die Art der Kesselausführung bei dieser Lokomotivbauart. Anstelle der bisher bekannten gewöhnlichen Langkessel hatte dieser drei waagrecht liegende zylindrische Einzelkörper, von denen zwei untere je 52, die oberen 26 Siederohre mit je 45 mm Durchmesser hatten. Der Sinn dieser Anordnung war, die Unterbringung der Kröpfung der Treibachse zwischen den drei Rohrkörpern zu erhalten.

Die erste deutsche Länderbahn, die eine Dreizylinder-Lokomotive bauen ließ, war im Jahre 1892 die Württembergische Staatsbahn. Es waren fünf Stück der Dreizylinder-Verbundlokomotive der Klasse G als E n3v nach dem Patent von Andrade, mit den Betriebsnummern 801 bis 805 von der Maschinenfabrik Esslingen. Die E-gekuppelte Güterzuglokomotive hatte außerdem lenkbare Endachsen nach der Bauart Klose (die verschiebbaren Achsen nach Gölsdorf waren nicht bekannt). Sie hatte drei gleich große Zylinder von 480 mm Durchmesser und konnte je nach

1'D h3 Güterzuglokomotive von 1919, Gattung G8[3] der Preußisch-Hessischen Staatsbahn, seit 1920 Reichsbahn-Reihe 56[1], G45.17, gebaut von verschiedenen Werken Foto. Slg. Spielhoff

Beanspruchung bei geringer Leistung mit Verbund, bei stärkerer mit Drillingswirkung arbeiten. Die Kurbeln waren 120 Grad gleichmäßig gegeneinander versetzt. Im gleichen Jahr ließ die Württembergische Staatsbahn bei Cockerill, Belgien, zehn Stück Dreizylinder-Verbundlokomotiven der Klasse E als 1'B1' n3v mit den Betriebsnummern 401 bis 410 bauen. Diese hatten zwei außen liegende und einen innen liegenden Zylinder mit gleichem Durchmesser und Hub.

Die StEG baute im selben Jahr eine Dreizylinder-Lokomotive mit der Fabriknummer 2211 für die Ungarische Staatsbahn, Betriebsnummer 3089, die sowohl als Zwillings-Lokomotive mit ausgeschaltetem Mittelzylinder als auch als Verbundlokomotive mit drei Zylindern arbeitet. Im letzteren Fall erhielt der mittlere Zylinder den Frischdampf zugeführt. Einige Zeit später wurde sie in eine reine Zwillingslok umgebaut, die Kropfachse der Urausführung wurde durch eine gewöhnliche Achse mit zwei äußeren, um 90 Grad versetzten Kurbeln ersetzt. Der mittlere Zylinder blieb an seiner Stelle. Vom Personal erhielt die Lok wegen dieser Eigenart den Spitznamen „Kappan-Kapann". Eine weitere Änderung erhielt sie mit zwei Dampfdomen, die wie bei den österreichischen Lokomotiven der Reihe 170 untereinander verbunden waren. Die ursprünglich zu kurze Rauchkammer wurde dabei verlängert.

Auch in Nordamerika wurden in der gleichen Zeit wieder Versuche mit Dreizylinder-Lokomotiven durchgeführt, allerdings ohne Verbundwirkung. Im Jahre 1894 bauten die Baldwin-Werke für die Eric und Wyoming-Valley-Bahn drei 1C-Dreizylinder-Lokomotiven mit der seltsamen Spurweite von 4'=1219 mm. Die Zylinderanordnung war ähnlich der bereits vorher erwähnten 2B-Lokomotiven dieser Bahn. Die geringe Neigung der Zylinder betrug 4:35. Der Achsdruck betrug bereits 17 t. die auf der Strecke Dunmore und Homes verkehrenden Lokomotiven hatten eine bemerkenswerte Zugkraft, besonders auf Steigungen, sie wurden aber bereits nach einigen Jahren wegen Schwierigkeiten der Kropfachse in Zweizylinder-Lokomotiven umgebaut.

Im Jahre 1894 nahm die Schweizerische Gotthardbahn die erste Dreizylinder-Verbundlokomotive versuchsweise in Betrieb. Mit ihren Leistungen war man nicht zufrieden. Diese 2C-Lokomotiven der Serie A 3/5, Nr. 201, hatten einen zwischen dem Rahmen liegenden Hochdruckzylinder sowie zwei äußere Niederdruckzylinder, die Kurbeln waren um 120 Grad zueinander versetzt. Der Hochdruckzylinder wirkte auf die vordere, die Niederdruckzylinder auf die mittlere der drei gekuppelten Achsen. Bei Bergfahrten sollten die Lokomotiven in allen Zylindern mit Frischdampf arbeiten.

Obwohl die Gotthardbahn mit der Lokomotive schlechte Erfahrungen gemacht hatte, bestellte die Jura-Simplon-Bahn im Jahre 1896 bei der Winterthurer Maschinenfabrik eine Lokomotive ähnlicher Bauart, diese arbeitete im Gegensatz zur Gotthardbahn-Lokomotive stets in Verbundwirkung. Es war die 1000. Lokomotive, die Winterthur gebaut hatte. Die mit der Lokomotive gesammelten Erfahrungen waren so gut, dass im Laufe der Jahre noch weitere 140 Lokomotiven der Gattung B 3/4 als 1C n3v mit den vorderen verschiebbaren Adamsachsen geliefert wurden. Eine Lokomotive wurde 1900 auf der Pariser Weltausstellung ausgestellt.

Der Hochdruckzylinder, der sich zwischen den Rahmenwangen über der Laufachse mit einer Neigung 1:20 befand, wirkte auf die vordere gekröpfte Achse. Die beiden Niederdruckzylinder befanden sich zwischen der Laufachse und der ersten Treibachse. Angetrieben wurde die mittlere Kuppelachse, die Kurbeln waren um 120 Grad versetzt.

In Österreich liefen bis zum Jahre 1897 die bereits erwähnten Dreizylinder-Lokomotiven der Bauart Webb. Sie wurden bald aus dem Betrieb genommen, da sie den gesteigerten Forderungen selbst im Flachland nicht mehr entsprachen. Die Firma St.E.G. entschloss sich 1897 den Bau von Dreizylinder-Lokomotiven aufzunehmen. Nach Entwürfen von Martinek baute die St.E.G. eine 1B n3v mit zwei äußeren Niederdruckzylindern von 500 mm Durchmesser und einem innen liegenden, nach vorn verlegten Hochdruckzylinder mit 470 mm Durchmesser. Alle drei Zylinder wirkten auf die erste Kuppelachse. Die Kurbelanordnung war die von Sauvage.

Die Kurbeln der beiden Außenzylinder waren um 90 Grad gegeneinander, der des Innenzylinders gegen diese um 135 Grad versetzt.

Der bereits erwähnte Richie ließ im Jahre 1898 eine 2B1 n2 der Indischen Staatsbahn auf Dreizylinder-Verbundwirkung umbauen. Zur Erzielung eines großen Hochdruck-Zylinderinhaltes, um die Möglichkeit zum Anfahren zu erhalten und das Anfahr- und Wechselventil wegzulassen, wurden beim Umbau zwei äußere Hochdruck- und ein innerer Niederdruckzylinder vorgesehen. Das Querschnittsverhältnis von Hochdruck zu Niederdruck betrug 1:1,25. Die Zylinderanordnung war so, dass die beiden Hochdruck- und der Niederdruckzylinder sich in zwei verschiedenen Querebenen befanden. Der Kolben des Niederdruckzylinders arbeitete auf die vordere, der des Hochdruckzylinders auf die zweite Kuppelachse.

Richie hatte im Jahre 1899 einen ähnlichen Entwurf. Im Gegensatz zum vorigen, wo sich die Zylinder in einer Querebene befanden, wirkten hier alle Kolben der Zylinder auf die erste Kuppelachse.

Die North Eastern-Bahn ließ im Jahre 1898 in ihren Werkstätten in Gateshead eine 2B n2v, Nr. 1619, in eine 2B n3v umbauen. Alle Kolben arbeiteten auf die erste Kuppelachse, der innen liegende Hochdruckzylinder hatte 483 mm Durchmesser, Hub 666 mm; die äußeren Niederdruckzylinder hatten einen Durchmesser von 508 mm und 609 mm Hub.

Bei dieser Lokomotive ist hervorzuheben, dass sie sowohl als Zwillings-, Halbverbund- und in Verbundwirkung fahren konnte. Bei der Zwillingswirkung arbeiteten die beiden äußeren Niederdruckzylinder unter Hochdruck. Durch ein Druckverminderungsventil

2'C1' h3 Schnellzuglokomotive von 1917 der Sächsischen Staatsbahn, Gattung XVIII H seit 1920, Reichsbahn-Reihe 18⁰, S36.17, gebaut von Hartmann, Chemnitz
Foto: Hubert, Slg. Spielhoff

wurde erreicht, dass nicht der volle Kesseldruck zur Wirkung kam. Der mittlere Kolben wurde durch ein besonderes Rückschlagventil ins Gleichgewicht gesetzt, welches auf die beiden Kolbenseiten Frischdampf schickte. Bei der Halbverbundwirkung ist die Stellung des Druckverminderungsventils so geändert, dass der Hochdruckzylinder Volldampf, die Niederdruckzylinder aus dem Auspuffdampf des Hochdruckzylinders noch Dampf von bestimmter Spannung aus dem Kessel erhielten. Bei der Verbundwirkung wurde durch völligen Abschluss des Ventils der Hochdruckzylinder mit Frischdampf aus dem Kessel versehen, während die Niederdruckzylinder nur den Auspuff des Hochdruckzylinders erhielten. Diese Vorrichtung wurde von ihrem Erfinder Smith patentiert.

Trotz der guten Erfahrungen dieser Konstruktion bei den Versuchsfahrten der North Eastern-Bahn wurden keine weitern geliefert.

Dagegen beschaffte die Midland-Bahn in Derby 1901 eine Anzahl Dreizylinder-2B-Verbundloks auf Grund der guten Erfahrungen der North Eastern-Bahn nach Plänen ihres Oberingenieurs Johnsen. Dabei hat das Smith'sche Patent Anwendung gefunden. Die Lokomotiven hatten einen geneigten mittleren Hochdruckzylinder, außen zwei waagrechte Niederdruckzylinder, die alle in einer Querebene lagen und die erste Kuppelachse antrieben. Die Kurbelanordnung war die von Sauvage.

Die Great Eastern-Bahn ließ im Jahre 1902 eine dreizylindrige E-gekuppelte Tenderlokomotive nach den Entwürfen ihres Lokomotivinspektors James Holden bauen. Diese hatte drei waagrechte, in einer Querebene liegende Zylinder mit gleichen Durchmessern. Der mittlere Zylinder arbeitete auf die zweite Kuppelachse, die beiden Außenzylinder auf die dritte Kuppelachse. Die Kurbelzapfen waren um 120 Grad zueinander versetzt. Interessant war die von Holen angewandte Art, die Treibstange des waagrecht innen liegenden Zylinders um die vordere erste Kuppelachse zu führen. Er setzte sie aus zwei Stücken zusammen, die gabelförmig um die vordere Kuppelachse ging.

Die erste Dreizylinder-Tenderlokomotive der preußischen Staatsbahn wurde 1902 mit zwölf Stück als 1'C1' n3 der Berliner Stadtbahn von Schwartzkopff übergeben. Der Entwurf stammte von Wittfeld. Die Lokomotiven der Gattung T6 hatten drei gleich große Zylinder von 500 mm Durchmesser und einen Hub von 630 mm. Der waagrecht liegende Innenzylinder befand sich vor der Laufachse und arbeitete auf die gekröpfte erste Kuppelachse. Die beiden etwas zurück liegenden Außenzylinder trieben die mittlere Kuppelachse an. Alle drei Zylinder hatten getrennte Heusinger-Steuerungen. Die Kurbeln waren um 120 Grad versetzt, damit man auch bei kleinen Füllungen eine gleichmäßige Zugkraft erhielt. Alle Lokomotiven wurden 1908 auf Zweizylinderbauart in normaler Ausführung umgebaut, weil der große leistungsfähige Kessel mit 14 atü Kesseldruck nicht im richtigen Verhältnis zu den zu groß bemessenen Zylindern stand.

Nach den Entwürfen von Bauart Wittfeld ließ die Preußische Staatsbahn 1904 bei Henschel und Sohn, Kassel, zwei 2'B2' n3v-Lokomotiven mit den Fabrik-Nr. 6260 und 6261, Betriebsnummern „Altona 561 und 562", bauen. Die 561 ging 1904 auf die Weltausstellung in St. Louis, Amerika. Zu diesen Entwürfen ging eine Anregung auf Grund eines Preisausschreibens des V.D.M.J. vom März 1902 aus, woran Obering, Kuhn und Peylow teilnahmen. Die Lokomotiven hatten waagrecht liegende Zylinder, die sich in zwei Querebenen befanden. Der innen befindliche Hochdruckzylinder wirkte auf die erste Kuppelachse, die beiden äußeren Niederdruckzylinder, etwas zurückliegend zwischen Führungsdrehgestell und erster Kuppelachse, wirkten auf die zweite Kuppelachse. Die Kurbelzapfen der Außenzylinder, nach Stephenson und Howe, waren gleichgerichtet, während die Kurbel des Innenzylinders um 90 Grad versetzt war. Die Lokomotive mit der Fabriknummer 6260 und der Tender waren vollkommen mit einer keilförmig zugespitzten Blechverschalung verkleidet, um den Luftwiderstand zu verringern. Die Lokomotiven hatten zwei getrennte Führerstände, einer in normaler Lage und einer vorne vor der Rauchkammer. Verbunden waren beide durch einen Seitengang über den Tender hinaus. 1912 wurden beide bei Henschel umgebaut, dabei entfiel der fordere Führerstand. Beide liefen noch bis zum Jahre 1918. Die Lokomotive mit der Fabriknummer 6260 erreichte bei der berühmten Schnellfahrt 1904 auf der 23 km langen Strecke Marienfelde-Zossen eine Geschwindigkeit von 137 km/h mit 109 t Zuglast. Bei diesen Fahrten traten sehr bedenkliche Zugkräfte auf, auf Grund welcher das Triebwerk umgebaut wurde und so genannte „Blitzkurbeln" erhielt, d.h. Treib- und Kuppelzapfen der Treibachse fielen nicht mehr zusammen, sondern der Treibzapfen wurde durch eine Art Gegenkurbel ausgeführt. Die Kurbelstellung sah nun wie folgt aus: Die Innenkurbel des Hochdruckzylinders eilte den beiden

2'C1' h3 Einheits-Schnellzuglokomotive von 1939 der Deutschen Reichsbahn-Reihe 01[10], S36.20 mit Teilverkleidung des Laufwerkes, gebaut von verschiedenen Werken.
Foto: Hubert, Slg. Spielhoff

2'C2' h3 Schnellfahrlokomotive von 1934 der Deutschen Reichsbahn-Reihe 05, S37.19, gebaut von Borsig, Berlin.
Foto: Maey, Slg. Spielhoff

2'D2' h3 Schnellzuglokomotive von 1939 der Deutschen Reichsbahn-Reihe 06, S48.20/18, gebaut von Krupp, Essen Fabrik-Nr. 2000
Foto: Maey, Slg. Spielhoff

Niederdruckkurbeln wie früher um 90 Grad nach, dagegen waren die Kuppelkurbeln nicht mehr gleichlaufend, sondern um 90 Grad gegeneinander versetzt, so dass die rechte Außenkurbel der inneren um 45 Grad, die linke Außenkurbel dieser um 135 Grad vorauseilte.

Bei der Lokomotive 6261 hatte man auf den sehr teuren Umbau verzichtet, dafür aber zusätzliche Gegengewichte in die Räder eingebaut, deren Schwerpunkte den vorhandenen Gegengewichten um 45 Grad nacheilten.

Ebenfalls 1904 ließ die Italienische Mittelmeerbahn eine Anzahl 2C2 n3v-Tenderlokomotiven für ihren Betrieb von Vorort- und Nebenbahnen nach Entwürfen von Henschel und Sohn bei der Sächsischen Maschinenfabrik in Chemnitz bauen. Die Zylinder befanden sich in zwei verschiedenen Querebenen, die beiden außen liegenden Niederdruckzylinder hatten einen Durchmesser von 460 mm und 640 mm Hub und arbeiteten auf die zweite Kuppelachse. Der weiter vorn liegende mittlere Hochdruckzylinder mit 430 mm Durchmesser und 640 mm Hub arbeitete auf die erste Kuppelachse. Die Kurbelstellung entsprach der von Sauvage.

Die damalige Österreichisch-Ungarische Bahn hatte bisher von Dreizylinder-Lokomotiven, abgesehen von der bereits erwähnten Lokomotive der Bauart Webb sowie der von Martinek gebauten 2B-Schnellzuglok von 1897, der C-Güterzuglok der Ungarischen Staatsbahn von 1892, nur eine 1C-Güterzuglok der Aussig-Teplitzer Bahn von 1902 in Betrieb genommen.

Die Lokomotiven der Jura-Simplon-Bahn 1'C n3v hinterließen bei der Österreichischen Nordwestbahn den besten Eindruck, so dass sich diese 1904 entschloss, vier Lokomotiven mit der Achsanordnung 2'C n3v bauen zu lassen. Diese, mit der Betriebs-Nr. 751-754 der Serie XVIII, spätere Reihe 309 der K.K.St.B., wurden von der Maschinenbau-Anstalt St.E.B. geliefert, die bisher, mit Ausnahme der Webb'schen, alle Dreizylinder-Lokomotiven Österreich-Ungarns gebaut hatte.

Die Kurbeln waren gegeneinander um je 120 Grad versetzt, der innen liegende Hochdruckzylinder war um 1:6,1 geneigt und lag vor den beiden äußeren Niederdruckzylindern. Die Niederdruckschieber wurden durch die Heusinger-Steuerung, der Hochdruckschieber durch eine Stephenson'sche Steuerung betätigt.

Im Jahre 1905 wurden weitere zehn Lokomotiven der Österreichisch-Ungarischen Staatsbahn-Gesellschaft mit der Achsanordnung 1'C n3v mit den Betriebsnummern 3851 bis 3860, spätere Reihe 660 der K.K.St.B., von der Fa. St.E.G. beschafft.

Auch in der späteren Zeit, wo seit 1910 in Nordamerika keine Versuche mit Dreizylinder-Lokomotiven durchgeführt wurden, begann man 1922 mit der American Locomotive Comp. eine Anzahl 2'C1' h2-Güterzugloks von Zweizylinder in Dreizylinder umzubauen. Diese Loks, die im Mohawk-Distrikt der New York Central Railway eingesetzt waren, waren in ihren Leistungen sehr gut. Auf Grund dieser Erfahrungen wurde 1923 in den Werkstätten in Brooks eine neue 2'D1 h3-Güterzuglok für die Lehigl Valley Rail-

1'E h3 Einheits-Güterzuglokomotive von 1926 der Deutschen Reichsbahn-Reihe 44, G56.20, Ausführung 1937, gebaut von verschiedenen Werken
Foto: Maey, Slg. Spielhoff

1'E1' h3 Einheits-Schnellgüterzuglokomotive von 1937 der Deutschen Reichsbahn-Reihe 45, G57.20/18, gebaut von Henschel, Kassel. Foto: Maey, Slg. Spielhoff

road gebaut. Mit dieser Bauart war man zufrieden, so dass in Amerika weitere Dreizylinder-Lokomotiven gebaut wurden.

In Deutschland und England wurden nun bei verschiedenen Länder- und Staatsbahnen Dreizylinderlokomotiven verschiedener Bauarten für Schnellzug- und Güterzugdienst beschafft.

Alle bisher gebauten Dreizylinderlokomotivbauarten aufzuführen würde hier zu weit führen.

Die größte Verbreitung von Dreizylinderlokomotiven dürfte in Deutschland vorhanden gewesen sein. Vorreiter waren die Württembergische und Preußische Staatsbahn. Die Stückzahlen in nachfolgender Aufstellung bis zur zuletzt gebauten Lokomotiven der Bundesbahn:

Preußische Staatsbahn	1676 Stück
Badische Staatsbahn	98 Stück
Lübeck-Büchener Eisenbahn	14 Stück
Reichseisenbahn Elsaß-Lothr.	80 Stück
Sächsische Staatsbahn	92 Stück
Württembergische Staatsbahn	58 Stück
Deutsche Reichsbahn	1994 Stück
Deutsche Bundesbahn	2 Stück
	ca. 4014 Stück

Diese hohe Stückzahl von über 4000 Dreizylinder-Lokomotiven in 21 verschiedenen Bauarten wurde von keinem anderen Land auch nur annähernd erreicht.

Nach dem Zweiten Weltkrieg veranlasste die Deutsche Reichsbahn (DDR) die größte Umbaustückzahl von Dreizylinderlokomotiven, und zwar die Baureihe 39, 1D1 h3 (preußische P10) in die neue Baureihe 22 mit 85 Stück. Eine Rekonstruktion erhielten die 56 Loks aus der Baureihe 581, 1E h3 (G12) in 58^{70} sowie die einzelne Tenderlok Baureihe 61 in eine Schlepptenderlok 2'C1' h3 als Baureihe 18^{2}.

Zu den in der Länderbahnzeit beschafften Dreizylinderlokomotiven gehörten neben der erwähnten preußischen S9 (2'B2' n3v) und T6 (1'C1' n3) die 1913 von als 1'D1' h3 entwickelte sogenannte Kampflok (Einzelstück) für den Berliner Stadtbahnbetrieb mit den kurzen Haltestellenabständen von 800 bzw. 1200 m. die Lok hatte Ölzusatzfeuerung zu einem rauchfreien Betrieb und einen Heißdampfregler, der aber bald wieder getauscht wurde. Bei längeren Versuchsfahrten war sie der T12 (1'C h2) weit überlegen. Nach dem Entscheid zur Elektrifizierung der Stadtbahn kam sie als T14 zur KED Breslau.

Nachdem es bei der Schnellzuglokomotive $S10^{1}$, 2'C h4, Probleme bei der zweifach gekröpften Treibachse gab, erhielt die Stettiner Maschinenfabrik AG „Vulcan" den Auftrag zum Bau einer 2'C h3-Schnellzuglokomotive und brachte sie 1914 als Gattung $S10^{2}$ zur Ablieferung. Nach den Versuchsfahrten wurden weitere 124 Stück beschafft. Einige wurden mit Gleichstromzylinder System Stumpf ausgerüstet. Von den $S10^{2}$ wurden für Versuchszwecke eine Lokomotive, die 17 206, als Hochdruckbauart und die 17 236

2'C3' h3 Schnellzugtenderlokomotive von 1939 der Deutschen Reichsbahn-Reihe 61, St38.18, gebaut von Henschel, Kassel
Foto: Maey, Slg. Spielhoff

und 17 239 als Mitteldruckbauart umgebaut. Die Lübeck-Büchener Eisenbahn beschaffte für ihren Betrieb ab 1919 ebenfalls 12 $S10^2$-Lokomotiven.

Mit der Zunahme höherer Zuggewichte und Geschwindigkeiten beschaffte die Preußische Staatsbahn die ersten 1'E h3-Güterzuglokomotiven als $G12^1$, wobei die Wahl auf eine Dreizylinderlokomotivbauart fiel. Die ersten wurden mit 21 Stück 1914/15 beschafft. Wegen verschiedener Gründe, die sich aus betrieblichen Gesichtspunkten ergaben, kam es zu einem Neuentwurf der $G12^1$-Bauart mit 16 t Treibachsdruck und einer auf 3,9 m^2 vergrößerten Rostfläche. Bei der Erstausführung hatte der Innenzylinder auf die zweite Treibachse gewirkt, bei der Überarbeitung erfolgte der gemeinsame Antrieb auf die dritte Achse. Die Kolbenschieber wurden durch die bekannte Heusinger-Steuerung bewegt, der Innenzylinder durch eine sinnreiche Übertragung der beiden Außensteuerungen. Diese Bauart der G12 der späteren Baureihe 58^{10-21} (es wurden 1160 Stück gebaut) wurde als erste Einheitstype angesehen, weil sie außer von Preußen auch von Baden, Sachsen, Württemberg und den Reichseisenbahnen Elsaß-Lothringen mit 303 Lokomotiven angenommen wurde.

Die Sächsische Staatsbahn beschaffte 1917/18 10 2'C1' h3-Schnellzuglokomotiven der Gattung XVIIIH für die ebenen und steigungsreichen Strecken. Diese hatten Bauarttendenzen der preußischen und süddeutschen in sich vereinigt. Das Drillingstriebwerk arbeitete auf die zweite Kuppelachse. Durch die komplizierte Steuerung war der Unterhaltungsaufwand sehr groß. Trotzdem fuhren sie mehr als 40 Jahre.

Für den mittelschweren Güterzugdienst wurde die $G8^3$ als 1'D h3 beschafft. Sie war gegenüber der G12 um eine Kuppelachse reduziert, Rahmen, Kessel und Feuerbüchse waren entsprechend verkürzt. Bis auf die Zylinderabmessungen blieb alles unverändert. Von der G12 wurde die Anzahl der Heiz- und Rauchrohre übernommen. Barrenrahmen, Drillingstriebwerk und Dreipunktabstützung waren gleich wie bei der G12. Von der $G8^3$, spätere Baureihe 56^1, wurden 85 Lokomotiven beschafft.

Für den schweren Personen- und Eilzugdienst der Mittelgebirgsstrecken beschaffte die neue Deutsche Reichseisenbahn-Gesellschaft in den Jahren 1922 bis 1927 260 Stück der schweren Dreizylinder-Personenzuglokomotive Gattung P10, spätere Baureihe 39^0 als 1'D'1 h3. Sie hatten, wie die $S10^2$ und G12, ein Dreizylinder-Triebwerk mit einfacher Dampfdehnung (Zylinderdurchmesser 520 mm, Hub 660 mm). Sie bewährten sich sehr gut.

Die Deutsche Reichsbahn ließ in ihrer Zeit zahlreiche neue Dreizylinderlokomotiven bauen. Es waren vier Schnellzug-, zwei Güterzug- und drei Tenderlokomotiv-Bauarten. Zum ersten Beschaffungsprogramm der DRG gehörten unter anderem 1926 zehn

Dreizylinder-Güterzuglokomotiven der Baureihe 44 als 1'E h3. Von dieser Bauart kamen 1937 weitere 53, danach stieg die Zahl der beschafften von Jahr zu Jahr, so dass von dieser Baureihe bis 1949 insgesamt 1989 Stück beschafft wurden. In den Kriegsjahren wurden an den Ausrüstungsteilen zahlreiche Vereinfachungen vorgenommen, nach dem Krieg wurden verschiedene Umbauten durchgeführt. Zwei Lokomotiven wurden 1933 als Mitteldrucklokomotiven mit 25 atü Kesseldruck beschafft.

Um den Zahnradbetrieb auf verschiedenen Strecken in Deutschland durch Reibungsbetrieb zu ersetzen, wurde für die Höllentalbahn mit dem Streckenabschnitt Hirschsprung-Hinterzarten zehn Dreizylinder-Tenderlokomotive der Baureihe 85 als 1'E1' h3 beschafft. Diese hatten das gleiche Trieb- und Fahrwerk wie die Baureihe 44, waren lediglich um die hintere Laufachse erweitert. Wie die Baureihe 44 hatte die 85 den Zweiachsantrieb. Die letzten dieser Baureihe wurden 1961 ausgemustert.

Für eine weitere Steilstrecke, eine umgespurte Schmalspurbahn der Heidenau-Altenberg-Bahn (Erzgebirge) musste eine neue Tenderlokomotivbauart beschafft werden. Die Wahl fiel auf eine 1'E1' h3 der Baureihe 84 mit geringerem Achsdruck gegenüber der Baureihe 85. Für die krümmungs- und steigungsreiche Strecke erhielt diese Bauart Schwartzkopff-Eckhardt-Lenkgestelle. Mit dem Drillingstriebwerk war man bei dieser Bahn zufrieden. Gebaut wurden in den Jahren 1935 bis 1937 zehn Lokomotiven, die um 1960 aus ihrem Dienst ausschieden.

Für den Schnellverkehr beschaffte die Reichsbahn 1935 zwei stromlinienverkleidete Lokomotiven der Baureihe 05 als 2'C2' h3 mit einem Drillingstriebwerk, weil dieses eine gute Anfahrzugkraft und ein ausgeglichenes Triebwerk hatte. Bei einer Schnellversuchsfahrt am 11. Mai 1936 fuhr die 05 002 die Weltrekordfahrt mit 200,4 km/h. Nach dem Zweiten Weltkrieg wurde die Verkleidung entfernt, die Loks überarbeitet und bis zur Ausmusterung 1958 im Plandienst eingesetzt. Es gab noch eine 05 003 mit Kohlenstaubfeuerung, die sich aber nicht bewährte. Sie hatte einen vorn liegenden Führerstand wie die preußische S9. Auch diese wurde auf konventionelle Bauart umgebaut.

Um die Verminderung der Fahrzeiten für Güterzüge zu erhalten, wurde die neue Baureihe 45 als 1'E1' h3 als Ersatz für die G12 geschaffen und um die Baureihe 44 zu ergänzen. Mit dieser Achsfolge war sie die größte und stärkste Lokomotive, die je in

1'E1' h3 Einheits-Güterzugtenderlokomotive von 1932 der Deutschen Reichsbahn-Reihe 85, Gt57.20, für die Steilrampe 1:16,66 der Höllentalbahn, gebaut von Henschel, Kassel
Foto: Bellingrodt, Slg. Spielhoff

Europa gebaut worden war. Das Dreizylindertriebwerk hatte 520 mm Zylinderdurchmesser und einen Kolbenhub von 820 mm, mit einfacher Dampfdehnung, Rostfläche 5 m^2, Heizfläche 430 m^2, Kesseldruck 20 bar. Die Maschinen waren vielseitig einsetzbar. Dank des fünfachsigen Tenders hatten sie eine relativ große Reichweite.

Für den Schnellverkehr von D-Zügen wurden ab 1939 zwei verschiedene Baureihen beschafft: die Baureihe 01^{10} für 20-t-Strecken und die Baureihe 03^{10} für 18 t, alle mit einem Dreizylindertriebwerk mit 500 bzw. 470 mm Zylinderdurchmesser und 660 mm Hub. Beschafft wurden von der 01^{10} und von der 03^{10} 60 Stück, alle in Stromlinienverkleidung, die aber nach dem Krieg entfernt wurde. Alle erhielten dabei einen Umbau.

Eine weitere Schnellzuglok mit Stromlinienverkleidung kam 1939 zur Auslieferung, die Baureihe 06 als 2'D2' h3, vorgesehen für den schweren Dienst auf Hügellandstrecken, ebenfalls mit einem Drillingstriebwerk. Wegen der Kesselprobleme schieden die beiden Lokomotiven als Einzelexemplare sehr bald aus.

Als Schnellzug-Tenderlokomotive in Stromlinienverkleidung für den Henschel-Wegmann-Zug auf der Strecke Dresden-Berlin kam 1939 die Baureihe 61 002 als 2'C3' h3 in den Betrieb, die jedoch durch den Kriegsausbruch nicht lange im Einsatz stand. Nach Kriegsende wurde sie von VES-Halle in eine 2'C1' h3-Schnellfahrlokomotive mit der Betriebsnummer 18 201 für Laufgüteuntersuchung an Reisezugwagen umgebaut, wo sie bei Versuchsfahrten noch bis zu 176 km/h erreichte.

Als letzte Dreizylinder-Schnellzuglokomotive beschaffte die Bundesbahn 1957 zwei teilverkleidete 2'C1' h3-Lokomotiven. Da aber sehr bald der einsetzende Traktionswandel erkennbar wurde, blieb dies die letzte beschaffte Dreizylinderlokomotive auf deutschen Gleisen.

Eine besondere Rekonstruktion erfuhren 85 Lokomotiven der Baureihe 39^0 (P10) nach dem Krieg bei der Deutschen Reichsbahn (DDR) unter Beibehaltung ihres Triebwerks, aber mit einem neuen Kessel. Der Umbau erfolgte in den Jahren 1958 bis 1962. Bereits Ende 1968 begannen die ersten Ausmusterungen.

Von den Güterzuglokomotiven der Baureihe 58^0 (G12) erfuhren im gleichen Zeitraum wie bei der Baureihe 39 ebenfalls 56 Lokomotiven eine Rekonstruktion mit einem neuen Kessel. Bei der Deutschen Reichsbahn (DDR) war dies die größte Rekonstruktionswelle an einem Lokomotivumbau, der auch sehr gut gelungen war.

2'C1' h3 Neubau-Schnellzuglokomotive von 1957 der Deutschen Bundesbahn-Reihe 10^0, S36.20, gebaut von Krupp, Essen

Foto: Bellingrodt, Slg. Spielhoff

Die Preußischen 2B-Lokomotiven

Die Entwicklungsgeschichte

von Lothar Spielhoff

Bei den Eisenbahnen in Deutschland gab es schon sehr früh 2B-Lokomotiven. Mit ganz oder teilweise überhängenden Zylindern wurden sie von Ende der vierziger Jahre bis in die neunziger Jahre des neunzehnten Jahrhunderts in Süddeutschland gebaut. Der Überhang der Zylinder, die noch fehlende seitliche Verschiebbarkeit des Drehgestelles und der kurze Drehgestellachsabstand waren kennzeichnend für die 2B-Loks der damaligen Zeit. Man hatte damals das Drehgestell als gutes Mittel zur Erreichung einer guten Kurvenläufigkeit, allerdings aber noch nicht verstanden, dass es bei einem größeren Achsabstand der Lok einen ruhigeren Lauf zu gehen vermochte. Hierzu ist die seitliche Verschiebbarkeit erforderlich. Bei der Württembergischen Staatsbahn, die ja mit Beginn 2B-Lokomotiven hatte, wurden selbst im Jahre 1859 2B-Güterzuglokomotiven mit 1218 mm Treibraddurchmesser beschafft. Mit Ausnahme der Badischen Staatsbahn stellten die süddeutschen Länderbahnen die Beschaffung von 2B-Loks wieder ein. Württemberg baute unter der Leitung des damaligen Obermaschinenmeisters, der aus Norddeutschland kam, sämtliche vorhandenen 2B in steifachsige 1B um. Zweifellos war dies ein großer Rückschritt, der durch die noch ungenügende Erforschung des Bogenlaufs der Lokomotiven bedingt war. Neue 2B-Lokomotiven in Württemberg kamen erst wieder im Jahre 1899.

In Norddeutschland hielt man während dieser Zeit noch zäh an der steifrahmigen 1B-Lok fest. Eine Ausnahme machte nur Sachsen. Diese hatten acht Schnellzugloks der Reihe KII, später VIII_1, Betriebsnummer 93-100 der Sächsischen Staatsbahn, welche 1870 als Gelegenheitskauf von der Maschinenfabrik Esslingen nach dort kamen. Obwohl die Loks lange in Sachsen in Betrieb waren, zeigten sie gegenüber den 1B aus den vorgenannten Gründen keine besonderen Vorteile. Dagegen verlief die Entwicklung der 2B in Baden stetig. Dort wurde der Überhang der Zylinder allmählich vermindert, der Drehgestellachsabstand vergrößert und mit der Innenzylinderbauart 2B der Gattung IIb im Jahre 1891 auch die seitliche Verschiebbarkeit des Drehgestelles eingeführt.

2B-Zweizylinder-Verbund-Personenzuglok mit Deichseldrehgestell, erbaut von Henschel und Sohn für die Moselstrecke der Preußischen Staatsbahn

Werkfoto Henschel, Slg. Spielhoff

Bei der Preußischen Staatsbahn erfolgte die Einführung der 2B sprunghaft, nachdem die erforderlichen Kesselleistungen bei den immer stärker werdenden Anforderungen des Betriebsdienstes mit den 1B nicht mehr gegeben waren. Nun war man gezwungen, sich hier an ausländische Vorbilder anzulehnen, ohne jedoch eigene bewährte Formen zu vernachlässigen. Dieser Schritt wurde bereits 1890 notwendig. Lediglich für die krümmungsreiche Moselbahn, also aus Gründen der Kurvenläufigkeit, beschaffte die Eisenbahndirektion Coeln schon vorher, im Jahre 1889, drei 2B mit Deichseldrehgestell. Diese bei Henschel mit den Fabriknummern 3299-3301 gebauten Maschinen waren Zweizylinder-Verbundloks. Bis auf das Drehgestell waren sie den Normal-2B-Verbundloks nach Musterblatt III1a völlig gleich. Mit der Bildung der Eisenbahndirektion Saarbrücken im Jahre 1895 kamen die Lokomotiven mit der Moselbahn in deren Bezirk und sind später in der Gruppe P3 geführt worden. Bedauerlicherweise existiert von dieser Lok kein Bild. Nach der Werkzeichnung von Henschel wurde eine kolorierte Ansicht umgearbeitet, die in der Abbildung 1 wiedergegeben ist.

Auf Anregung des damaligen Lokomotivdezernenten, Oberbaurat von Borries, bestellte die Eisenbahndirektion Hannover 1890 zwei Versuchsschnellzugloks bei Henschel in Cassel. Die Loks wurden als 2B-Verbundloks gebaut und erhielten die Betriebsnummern 20 und 21 bei der Eisenbahndirektion Hannover (Fabriknummern 3325 und 3326). Besonders erwähnenswert ist, dass der Hochdruckzylinder Kolbenschieber erhielt. Die Kesselheizfläche betrug bei einer Rohranzahl von 214 Rohren mit 41/46 mm Durchmesser und einer Länge von 3800 mm 113,35 m^3, war also zehn Prozent größer als bei der 1Bv P-Lok. Bemerkenswert war das Drehgestell in seiner Ausführung. Das Gewicht wurde durch seitliche Gleitbacken auf Längsfedern übertragen, die zwischen den Wangen der sich auf die Achslagerkästen stützenden Schwanenhalsträger aufgehängt waren. Der Drehzapfen befand sich hinter der Mitte des Drehgestelles. Der Achsabstand betrug 2000 mm. Aus diesem Drehgestell entwickelten sich später bei der KPEV allgemein die weiteren Drehgestellbauarten. Infolge der tiefen Kessellage musste die Welle für den Aufwerfhebel der Heusinger-Steuerung unter den Gleitbahnträgern angeordnet werden. Die Loks hatten einen dreiachsigen Tender, der 14,5 m^3 Wasser und 4 t Kohle fasste. Die beiden Loks kamen später zur KED Altona und waren dort Alt. 448/449, ab 1906 101/102 der Gruppe S2.

Um die gleiche Zeit bestellte die KED Erfurt bei Henschel 2B-Versuchsloks, und zwar acht Stück: vier Schnellzug- und vier Personenzugloks, davon je zwei Zwillings- und je zwei Verbundloks. Dies waren:

	3353/3354	–	Erf. 498/499 2B-S-Loks
Henschel	3355/3356	–	Erf. 496/497 2B-P-Loks
Fabrik-Nr.	3357/3358	–	Erf. 494/495 2Bv-S-Loks
	3359/3360	–	Erf. 492-493 2Bv-P-Loks

Hannoversche Versuchslok, Hannover 20, von Henschel und Sohn 1890 gebaut, Fabrik-Nr. 3325, wurde 1906 in Altona S2 Nr. 101 umgezeichnet (innenliegende Steuerung)

2'B n2v Schnellzuglok von 1892, Gattung S3, der Preußischen Staatsbahn, bei der DRG nach 1920 13^{1-4}, S24,15, gebaut von Borsig, 1902 mit der Fabrik-Nr. 5000. Der rote Ring am Schornstein gab an, dass sie eine Marcotti'sche Rauchverbrennungsanlage hatte

Aufnahme: Hubert Ö, Slg. Spielhoff

Die Kessel waren bei allen acht Loks gleich. Sie waren allerdings um zehn Prozent größer als bei der Hannoverschen Versuchsbauart. Die Rostfläche betrug 2,3 m², der Dampfdruck 12 atü. Mit 231 Siederohren von 41/46 mm Durchmesser und 3900 mm Länge betrug die Heizfläche 125,028 m². Die Zwillingsloks hatten 430 mm Zylinderdurchmesser mit 600 mm Hub. Die Verbundloks hatten einen HD-Durchmesser von 440 mm, einen ND-Durchmesser von 660 mm bei einem Hub von 600 mm. Die Triebräder hatten einen Durchmesser von 1980 bzw. 1750 mm. Die Allan-Steuerung war innen liegend und übertrug den Antrieb über eine Umkehrwelle auf die außen liegenden Schieber. Das Drehgestell hatte eine Kugelpfanne, durch die die Last auf die Wiege übertragen wurde. Der Drehgestellachsabstand betrug 2050 mm. Eigenartigerweise hatten die Loks zwei Dampfpfeifen. Obwohl sie zweifellos ein Fehlentwurf waren – man hätte auch damals schon Besseres schaffen können – wurden die Zwillingsloks noch nachbeschafft, und zwar 148 S-Loks und 59 P-Loks. Die Verbundloks wurden nicht nachgebaut. Mit den acht Erstlingsloks ergab sich dann eine Gesamtstückzahl von 215 Loks für die Erfurter Bauart. Die älteren Loks waren ihnen hinsichtlich der Leistung und des Kohlenverbrauchs unbedingt überlegen, die Kugelpfannen neigten zum Fressen, auch der Steuerungsantrieb befriedigte nicht. Die KED Bromberg ließ später ihre Loks umbauen und der Hannoverschen Form angleichen. Die Schnellzugloks kamen später in die Gruppe S2, die Personenzugloks in die Gruppe P4. Die Bromberger kamen nach dem Umbau in die Gruppe S3.

In Hannover hatte man mit den beiden 2Bv-Versuchsloks eingehende Versuche durchgeführt und wertvolle Erfahrungen gewonnen. Aus diesen Loks wurde die 2Bv-S-Normallok nach Musterblatt III2b entwickelt. Dabei wurden die Zylinderdurchmesser auf 460/680 mm vergrößert, der Hub von 600 mm wurde beibehalten. Der HD-Zylinder erhielt einen entlastenden Flachschieber. Der Gesamtradachsabstand der Lok stieg auf 7400 mm. Der Drehgestellachsabstand betrug zuerst 2000 mm, wurde ab 1901 auf 2200 mm vergrößert, wobei die gewickelten Rückstellfedern durch Blattfedern ersetzt wurden. Die Kessel wurden von der Erfurter Bauart übernommen. Die Loks bewährten sich vorzüglich. Sie waren um 15 Prozent sparsamer als die der Erfurter Bauart.

2'B n2v Schnellzuglok, als DRG 13 820, ehemalige S5², Cöln 526 Aufnahme: Hubert Ö, Slg. Spielhoff

Von 1893 bis 1904 wurden 1055 Loks beschafft, ein Zeichen für ihre gute Bewährung. Um die Jahrhundertwende waren sie die Schnellzugloks der Preußischen Staatsbahn und wurden bei allen Direktionen eingesetzt. Die ab 1897 gelieferten Loks erhielten vergrößerte Führerhäuser. Als Anfahrvorrichtung wurden die Borries'schen, Schiehan'schen und später allgemein das Dultz'sche Wechselventil verwendet. Gekuppelt waren die Loks ursprünglich mit einem dreiachsigen Tender nach Musterblatt III5b oder III5c. Später, nach Vergrößerung der Drehscheiben, wurden vierachsige nach Blatt III5f verwendet.

Mit der Einführung der Gruppenbezeichnung für die Lok der Preußischen Staatsbahn im Jahre 1903 wurden diese Schnellzugloks in die Gruppe S3 eingereiht. Mit diesen Loks wurden wichtige internationale Schnellzüge, wie z.B. der Nordexpress, gefahren. Der Zug nach Schweden, Berlin-Stettiner Bahnhof nach Saßnitz, mit dem Anschluss an den Dampfer nach Malmö, wurde auf dem Abschnitt Berlin-Saßnitz von S3 des Bw Stralsund befördert. Es waren dies die Loks 24-27 Stettin, später 224-227, gebaut im Jahre 1900 vom Stettiner Vulcan mit den Fabriknummern 1819-1822. Diese Loks waren ausgerüstet mit einem de Laval-Turbodynamo zur elektrischen Beleuchtung des Zuges und der Lok. Der Zug hatte 16 Achsen, gleich vier Wagen. Musste im Sommer ein weiterer Verstärkungswagen beigegeben werden, so fuhr von Pasewalk eine zweite S3 als Vorspannlok bis Berlin mit. Auch bei der KED Altona gab es S3-Loks, welche mit einem Turbodynamo ausgerüstet waren.

Um Platz für die Anlage zu erhalten, musste der Sandkasten weiter nach vorn gerückt werden. Die KED Magdeburg versah versuchsweise einige Loks mit einer windschnittigen Verkleidung, die aber bald wieder aufgegeben wurde.

Mit der Einführung der Heißdampflok verschwanden die S3 allmählich aus dem Schnellzugdienst, versahen aber noch lange Jahre auf Nebenstrecken und mit kürzeren Personenzügen auf Hauptbahnstrecken ihren Dienst. Mit dem Umnummerungsplan der Deutschen Reichsbahn im Jahre 1925 waren noch 28 S3-Loks vorhanden, für die die Nummern 13 002 bis 13 028 vorgesehen waren. Umgezeichnet wurden tatsächlich aber nur neun Loks; auch diese wurden bald ausgemustert. Dagegen kam die Reichsbahn im Jahre 1939 wieder in den Besitz von S3-Loks, welche 1919 an Polen abgeliefert werden mussten und sich dort so lange gehalten hatten. Diese erhielten die Betriebsnummern 13 302-13 340. Dass sie nicht wieder in ihre alte Reihe 13° kamen, lag daran, dass diese inzwischen durch von der Lübeck-Büchener Bahn übernommene S5-Loks besetzt worden waren. Die Nummer 13 301 erhielt eine von 1939 aus dem Memelgebiet übernommene Litauische S3, welche ebenfalls 1919 nach dort ausgeliefert wurde.

2'B n2 Personenzuglok von 1891 der Preußischen Staatsbahn, P4[1], Erfurter Bauart, Innensteuerung

Aufnahme: Hubert Ö, Slg. Spielhoff

Die Vulcan-Werke Stettin lieferten im Jahre 1904 eine verstärkte 2B-Verbund-Schnellzuglok nach dem Musterblatt III2c, denn die S3 erwiesen sich allmählich als den Betriebsanforderungen nicht mehr gewachsen. Die Entwicklung der Heißdampflok befand sich noch in den Kinderschuhen. So versuchte man auf dem alten Weg durch Verstärkung des Kessels der bewährten Verbund-Schnellzuglok weiter zu kommen. Auch diese Lok mit einer um zwölf Prozent vergrößerten Heizfläche bewährte sich sehr gut, konnte allerdings die Bedeutung und die Stückzahl der S3-Lok nicht mehr erreichen. Ursprünglich als S3 verstärkte Bauart bzw. Bauart Vulcan bekannt geworden, wurde sie ab 1910 als S5[2] bezeichnet und auch mit neuen Betriebsnummern der 500er-Reihe versehen. Der Zylinderdurchmesser betrug 460/680 mm,

2'B n2 Personenzuglok von 1898 der Preußischen Staatsbahn P4[2], mit Außensteuerung, P4 Magdeburg 614, 1906 in Magdeburg in 1806 umgezeichnet, gebaut von Borsig, Fabrik-Nr. 4651, später DRG 36 7013

2'B n2v Personenzuglok der Preußischen Staatsbahn P4_, Cöln Nr. 1903, gebaut von Schwartzkopff 1898,. Fabrik-Nr. 2525 , als DRG 36 006, aufgenommen am 11. Januar 1921 im Bw Neuß Aufnahme: Bellingrodt Ö, Slg. Spielhoff

die letzten Lieferungen hatten solche von 475/750 mm bei gleichem Treibraddurchmesser von 1980 mm. Sie unterschieden sich äußerlich durch die gerade Führung des Umlaufbleches statt der Treppe und durch den Kolbenschieber. Ihr Gewicht war rund eine Tonne höher. Bei der Einreihung in der DRG erhielten die noch vorhandenen Loks die Betriebsnummern 13 651-13 850. Bis zum Jahre 1928 waren sie alle ausgemustert. Im Jahre 1938 wurde von der Lübeck-Büchener Eisenbahn die einzige dort noch vorhandene S5, Nr. 7, übernommen, die – wie bereits erwähnt – die Betriebsnummer 13 001 erhielt. Von Polen wurden 1939/40 die Loks 13 002-13 021 übernommen.

2'B n2v Personenzuglok der Preußischen Staatsbahn P4², Hannover 1903, gebaut von Schwartzkopff 1905, später DRG 36 284 Foto: Slg. Spielhoff

Die KED Hannover baute ab 1899 auch 2B-Personenzugloks mit 1750 mm Treibraddurchmesser, welche aber die gleichen Kessel wie die Schnellzugloks hatten, so dass die Kessel untereinander ausgetauscht werden konnten. Dies wurde bei den Gattungen sehr häufig vorgenommen, um die Standzeiten bei Hauptuntersuchungen abzukürzen.

Gegen die Verbundanordnung hatte man bei den Personenzugloks eine Abneigung, weil diese Loks häufig anfahren mussten. Die Hannoversche 2B-Bauart wurde daher von 1893 bis 1898 nur als Zwillingslok nach Musterblatt III1d beschafft. Die ersten Loks lieferte Henschel. Der Zylinderdurchmesser betrug ursprünglich 430 mm, ab 1894 wurde er auf 460 mm vergrößert. Der Kessel blieb unverändert gegenüber den Schnellzugloks, die übrigens nie als Zwilling gebaut und übernommen wurden. Die ab 1897 gebauten Loks erhielten wieder das vergrößerte Führerhaus. Insgesamt wurden von 1893 bis 1902 421 Loks beschafft, die bei allen Direktionen, außer Posen, eingesetzt waren. Nach Einführung der Gruppenbezeichnung kamen sie in die P4-Gruppe, später wurden sie als P4[1] bezeichnet. Ab 1898 baute man diese Lok auch als Verbundlok nach Muster III1e mit dem Dultz'schen Wechselventil, das bei dieser Gattung alleinig angewandt wurde. Die Lok hatte von Anfang an das vergrößerte Führerhaus und einen Drehgestellachsabstand von 2200 mm. Durch die niedrigen Treibraddurchmesser war es möglich, die Steuerwelle unter dem Kessel hindurch zu führen und mit einem normalen Aufwerfhebel zu versehen. Die letzten Ausführungen hatten eine Kuhn'sche Schleife. Die Loks wurden von 1898 bis 1910 in 702 Stück beschafft und bewährten sich ebenfalls sehr gut. Gekuppelt wurden die Loks mit einem dreiachsigen Tender nach Blatt III5b, später auch mit einem vierachsigen Tender.

Im Umzeichnungsplan von 1925 wurden von den P4[1] nur noch neun Stück als 36 7001-36 7009 übernommen, die 1926/27 aus dem Bestand ausschieden. Dagegen wurden von den P4[2] noch 439 im Umzeichnungsplan als 36 001-36 438 aufgelistet. Im Bestand der Reichsbahn haben sich die P4[2] sehr lange bis in die Zeit des Zweiten Weltkrieges gehalten. Wenige haben den Weltkrieg überlebt.

Während des Krieges übernahm die DR 77 Stück von der ehem. PkP, die die Nummern 36 446-36 507 und 36 509-36 520 erhielten, sowie 36 444-36 445 und 36 508 des Danziger Gebiets, dessen Eisenbahn von 1918 bis 1939 von der PkP verwaltet wurde. Viele blieben nach dem Kriege kalt abgestellt und wurden 1955/56 in nicht betriebsfähigem Zustand an Polen abgegeben. Auch die mecklenburgische Friedrich-Franz-Eisenbahn hatte diese Lokgattung beschafft, jedoch mit dem Unterschied, dass die Niederdrucksteuerung nur volle Füllungen zuließ. Beim Einstellen der Steuerung auf Mitte musste die Schraube zuerst über die Mitte verlegt und dann zurückgelegt werden, weil sonst die ND-Steuerung voll ausgelegt liegen blieb.

2'B n4v Vierzylinder-Verbund-Schnellzuglok der Preußischen Staatsbahn, als S5, gebaut von Grafenstaden 1894, Fabrik-Nr. 4550, als Berlin Nr. 37

Foto: Slg. Spielhoff

Während sich in Preußen die S3 als Zweizylinder-Verbundlok im Schnellzugdienst immer mehr einbürgerte, begann sich in Frankreich die 2B-Vierzylinder-Verbundlok weiter zu entwickeln. Die führende französische Nordbahn, die von jeher im Schnellzugdienst führend war, beschaffte in den Jahren 1893 bis 1898 nach den Plänen des Chefingenieurs de Glehn bei der Elsässischen Maschinenbaugesellschaft 60 Lokomotiven dieser Bauart, welche sich ausgezeichnet bewährten. Die Preußische Staatsbahn ging hieran nicht achtlos vorbei. Sie bestellte bei dem Grafenstadener Werk der Elsässischen Maschinenbaugesellschaft eine derartige Schnellzuglok, welche 1894 mit der Fabriknummer 4550 geliefert wurde. In ihrer Ausführungsform entsprach sie der der französischen Nordbahn und hatte mehrere grundsätzliche Abweichungen von den preußischen Normalien. Zunächst war der Kesseldruck auf 15 atü erhöht, der Stehkessel war als Belpaire-Kessel mit flächenüberhöhter Decke ausgebildet. Die Triebräder hatten einen ungewöhnlichen Durchmesser von 2140 mm, das Drehgestell hatte einen Außenrahmen, um das innen liegende Niederdrucktriebwerk besser unterbringen zu können. Der Durchmesser des Hochdruckzylinders betrug 340 mm, der des Niederdruckzylinders 530 mm bei einem Hub von 640 mm. Die Bauart de Glehn sah für Hoch- und Niederdruckzylinder besondere Steuerungen vor, die unabhängig voneinander verstellt werden konnten. Die außen liegenden Hochdruckzylinder wirkten auf die zweite Treibachse, die innen liegenden Niederdruckzylinder auf die gekröpfte vordere Treibachse. Die Versuchslok wurde unter der Betriebsnummer 37 in den Park der ED Berlin eingereiht und zur Beförderung schwerer Schnellzüge auf der Strecke Berlin-Sommerfeld eingesetzt. Später kam sie zur ED Erfurt, wo sie im Schnellzugdienst Bebra-Erfurt-Halle fuhr. Der für die damalige Zeit hohe Achsdruck von über 15 t schränkte ihre allgemeine Verwendbarkeit stark ein. Sie erhielt nun auch ein Führerhaus nach den preußischen Normen, Ramsbottom-Sicherheitsventile und einen Sandkasten auf dem vorderen Langkesselschuss. Die Lok lief selbst bei hohen Geschwindigkeiten über 100 km/h durchaus ruhig und zeigte sich auf steigungsreichen Strecken leistungsfähiger als die S3. Im Kohleverbrauch war sie allerdings nicht wirtschaftlicher, ihre Unterhaltung war teurer. Auch stellte sie höhere Ansprüche an die Bedienung durch die Lokpersonale. Dennoch bewiesen diese Versuche, dass die Weiterentwicklung dieser Bauart aussichtsreich war und der Lokomotivausschuss wurde von dem Minister der öffentlichen Arbeiten beauftragt, sich mit dieser Frage zu beschäftigen. Zu Neubauten kam es jedoch zunächst nicht, weil die Leistung der S3 bis zur Jahrhundertwende für die meisten Zwecke noch genügte.

Auf Grund der Versuchsfahrten mit der Grafenstadener 2'B n4v-Lok erkannte von Borries, dass die Vorteile der Vierzylinder-Verbundlok auch ohne die

2'B n4v Vierzylinder-Verbund-Schnellzuglok der Preußischen Staatsbahn, als S5, Bauart Hannover, gebaut von Hanomag 1902, Fabrik-Nr. 3774, die bis 1906 die Bahnnummer Hannover 15 trug, nach 1906 Hannover 505

Werkfoto Hanomag, Slg. Spielhoff

2'B h2 Schnellzuglok der Preußischen Staatsbahn S4. Sie war die erste Heißdampf, 1898 gebaut von Vulcan in Stettin als Cassel 401
Aufnahme: Dr. Feißel Ö, Slg. Spielhoff

komplizierte de Glehn-Anordnung mit einfacheren Mitteln zu erreichen waren. Bei der im Jahre 1900 von der Hanomag gebauten Versuchslok wurde der Schieberantrieb der außen liegenden Niederdruckzylinder von der innen liegenden Heusinger-Steuerung für den Hochdruckzylinder durch eine Umkehrwelle abgeleitet. Jeder Kreuzkopf hatte jedoch einen besonderen Voreilhebel. Auf diese Weise war die Füllung der HD- und ND-Zylinder stets von einander abhängig und die Bedienung der Maschine einfacher. Der Kessel der neuen Lok entsprach in den Abmessungen ungefähr dem S3-Kessel. Der Dampfdruck war auf 14 atü erhöht. Bemerkenswert war der Langkessel, aus zwei Schüssen bestehend, die durch eine Ringlasche miteinander verbunden waren. Der HD-Zylinder hatte 320 mm, der ND-Zylinder 520 mm Durchmesser, der Hub betrug 600 mm. Der Treibraddurchmesser hatte wieder das in Preußen für S-Loks übliche Maß von 1980 mm. Der ursprünglich domartige, auf dem Kessel angeordnete Druckluftbehälter wurde später wieder entfernt und durch einen liegenden walzenförmigen ersetzt. Von diesen als S5[1], Bauart Hannover bezeichneten Loks wurden 1900 bis 1903 17 Stück von der Hanomag gebaut (mit den Fabriknummern 3408, 3771-3780, 3999-4000, 4046-4049, Betriebsnummern 11-27 Hannover, ab 1906 501-517 Hannover). Sie bewährten sich im Schnellzugdienst Berlin-Hannover-Köln und erzielten gegenüber der S3 Ersparnisse von bis zu 15 Prozent. Größere Bedeutung konnten sie allerdings nicht mehr erlangen, da inzwischen die Heißdampfloks das Feld zu erobern begannen.

Auf Grund der weiteren Betriebserfahrungen mit der Grafenstadener de Glehn-Lok wurden im Jahre 1902 weitere zehn verbesserte Vierzylinder-Verbundloks dieser Bauart von Grafenstaden beschafft. Diesen folgten 1903 weitere zwölf Loks von Henschel. Sie hatten gegenüber der Versuchslok von 1894 folgende Änderungen bekommen: Die Rauchkammer war verlängert, die Feuerbüchsheizfläche um 2 m² vergrößert, der Treibraddurchmesser hatte das in Preußen übliche Maß von 1980 mm. Der Radstand des Drehgestells war vergrößert. Die Grafenstader hatten noch die französische, halbkugelige Domkappe, während die Henschel-Loks die in Preußen üblichen abgeflachten Domhauben hatten. Auch diese Loks besaßen wieder ein festes Blasrohr im Gegensatz zu dem verstellbaren Froschmaulblasrohr der Grafenstader. Diese 22 als S5[1], Bauart Grafenstaden bezeichneten Loks waren bei der ED Erfurt, Magdeburg und Altona im Schnellzugdienst Bebra-Erfurt-Halle, Braunschweig-Magdeburg und Hannover-Altona eingesetzt. Sie zeigten allerdings keine besonderen Vorteile, so dass es bei diesen 22 Stück blieb.

Hauptabmessungen der 2'B-Lokomotiven

Gattung	Achsan-ordnung	Zylinder-durch-messer mm	Hub mm	Treibrad-durch-messer mm	Laufrad-durch-messer mm	Dampf-Druck atü	Rost-fläche m²	Heiz-fläche m²	Überhitzer-heizläche m²	Achsstandabmessungen mm	Leer-gewicht t	Dienst-gewicht t	Reibungs-gewicht t	Bemerkungen
S2	2'B n2v	450/650	600	1960	1000	12	2,07	113,25	-	2000+2100+2400=6500		45,23	27,97	Hannover Versuchsbauart
S2	2'B n2	430	630	1960*	930	12	2,30	125,03	-	2050+1925+2600=6575		49,03	28,54	Erfurter Versuchsbauart
S3	2'B n2v	460/680	600	1980	1000	12	2,30	118,1	-	2200+2600+2600=7400	45,33	50,5	30,3	
S4	2'B h2	540 (530)	600	1980	1000	12	2,27	104,53	33,9	2200+2800+2600=7600	51,0	55,2	31,9	
$S5^{2}$	2'B n2v	475/700	600	1980	1000	12	2,27	141,8	-	2200+2800+2600=7600	48,68	54,5	32,1	
S5	2'B n4v	340/530	600	2140	1050	14	2,05	110,0	-	1800+2530+3000=7330	44,6	48,4	30,8	Probelok Grafenstanden
$S5^{1}$	2'B n4v	340/530	640	1980	900	14	2,30	122,0	-	2100+2350+3000=7450	51,2	54,0	32,1	
S6	2'B h2	550	630	2100	980	12	2,30	136,89	40,36	2200+2800+3000=8000	55,0	61,0	34,5	
$P4^{1}$	2'B n2	430	600	1750	1000	12	2,30	125,5	-	2050+1925+2600=6575	42,85	49,1	28,2	
$P4^{2}$	2'B n2v	460/680	600	1750	1000	12	2,30	118,0	-	2200+2600+2600=7400	44,4	48,3	27,0	

* Verbundbauart $\frac{400}{600}$/600/1960 mm

Der Preußischen Staatsbahn gebührt der Verdienst, als erste den Heißdampf im Lokomotivbau eingeführt zu haben. Allerdings war die treibende Kraft der Lokomotivbeschaffungsdezernent der ED Berlin, Robert Garbe. Die ersten Versuche wurden mit 2B-Zwillingsloks durchgeführt. Im Jahre 1898 lieferte die Stettiner Vulcan eine 2B h2-Schnellzuglok und Henschel und Sohn eine 2B h2-Personenzuglok. Diese Lokomotiven waren mit Überhitzer versehene S3- und P4-Loks. Es war vorgesehen, sie beim etwaigen Misslingen in normale Nassdampf zurück zu verwandeln. Daher waren nur die durch Heißdampf erforderlichen Änderungen vorgenommen worden. Der Überhitzer war ein so genannter Langrohrüberhitzer, d.h. im Langkessel lag ein Flammrohr, in welchem die Überhitzerrohrbündel untergebracht waren. Die Loks zeigten sich von Anfang an den Nassdampfloks gewaltig überlegen und litten natürlich noch unter Kinderkrankheiten. So verkrusteten die Überhitzerrohre und brannten durch, das Flammrohr wurde infolge ungleichmäßiger Erwärmung undicht, die Schieberspiegel verzogen sich infolge der hohen Dampftemperatur und das Schmieröl hielt den Überhitzungsgraden nicht stand und verbrannte im Zylinder. Diese Schwierigkeiten wurden teilweise durch den Rauchkammerüberhitzer behoben, mit dem die nächsten beiden Versuchsloks ausgerüstet waren. Sie wurden vom Vulcan (Fabrik-Nr. 1732) und von Borsig (Fabrik-Nr. 4800) im Jahre 1899 gebaut. Die Borsig-Lok wurde 1900 in Paris auf der Weltausstellung vorgestellt, wo sie für ein großes Aufsehen sorgte, weil sie die einzige Lok mit grundsätzlichen Neuerungen war. Beim Rauchkammerüberhitzer strömten dem in der Rauchkammer liegenden Überhitzerbündel die Heizgase durch ein im unteren Teil des Langkessels liegendes Flammrohr direkt zu. Ferner fand die Beheizung mittels der durch die Heizrohre in die Rauchkammer strömenden Heizgase statt. Die große und klobige Rauchkammer gab der Lok ein unschönes Aussehen. Als Schieber wurden Kolbenschieber vorgesehen. Hierbei gab es mancherlei Schwierigkeiten, die erst durch die Einführung schmaler, federnder Schieberringe behoben wurden. Alle diese Versuchsloks konnten längere Zeit im Betriebsdienst gehalten werden. Die letzten schieden erst um 1920 aus.

Aus diesen Lokomotiven entwickelte Garbe nun eine neue 2B-Heißdampf-Schnellzuglok, welche 1902 bis 1909 zuerst mit Rauchkammerüberhitzer, ab 1906 auch mit Rauchröhrenüberhitzer in einer Stückzahl von 104 beschafft wurden. Die Loks erhielten die

Eine weitere S4 von Vulcan 1899 gebaut,.mit Rauchkammerüberhitzer, die Hannover „86" Foto: Slg. Spielhoff

Gattungsbezeichnung S4. Das Drehgestell war das bewährte Hannoversche mit 2200 mm Achsabstand. Die inzwischen durch von Borries entwickelten 2B1-4-Zylinder-Verbund-Nassdampfloks waren aber erheblich stärker und der S4 überlegen. Um aber dem Heißdampf zum Sieg zu verhelfen, war eine noch stärkere 2B-Heißdampflok notwendig.

Es waren dies die von 1906 bis 1913 beschafften S6-Lokomotiven, die vom Linke-Hofmann-Werk in Breslau und von Henschel und Sohn in Kassel geliefert wurden. Ihre Anzahl belief sich auf 584 Loks. Sie waren in allen Direktionsbezirken, außer Königsberg, vorhanden. Einige der Erstlingsloks hatten noch einen Rauchkammerüberhitzer, erhielten aber bald

2'B h2 Schnellzuglok, Gattung S6 der Preußischen Staatsbahn, erbaut von Linke-Hofmann in Breslau, 1907 Foto: Slg. Spielhoff

2'B h2 Schnellzuglok Gattung S6, als Altona 601, mit Spitzführerhaus, spätere polnische P5 Nr. 7, zuletzt DR 13 504''
Aufnahme: Krebs Ö, Slg. Spielhoff

den Rauchrohrüberhitzer, der als Regel allgemein eingeführt wurde. Der Rauchrohrüberhitzer wurde von dem Erfinder und Konstrukteur der Loküberhitzer Wilhelm Schmidt gleichzeitig mit dem Rauchkammerüberhitzer entwickelt. Der Kessel hatte vier Reihen größerer Rauchrohre, in denen die Überhitzerelemente untergebracht waren. Der Rauchrohrüberhitzer wurde von der Belgischen Staatsbahn unter Flamme erprobt und zeigte gute Versuchsergebnisse. Dieser Rauchrohrüberhitzer erzielte Überhitzungstemperaturen bis 350 Grad. Da er aber auch betriebliche Vorteile wie leichte Auswechselbarkeit schadhafter Elemente und leichte Reinigung der Rohre hatte, gab auch die Preußische Staatsbahn ihm den Vorzug. Der Treibraddurchmesser war mit 2100 mm wieder ungewöhnlich groß. Die Lok erreichte eine Höchstgeschwindigkeit von 110 km/h; eine höhere war nicht möglich, weil es infolge Überschreitens des zulässigen Achsdruckes zuerst nicht möglich war, die hin- und hergehenden Massen des Triebwerkes durch Gegengewichte auszugleichen. Man musste sich auf den Ausgleich der sich drehenden Massen beschränken. Die Lok zeigte daher bei höheren Geschwindigkeiten einen stark unruhigen, zuckenden Lauf. Erst nach Erhöhung des zulässigen Achsdruckes auf 17 t konnten auch die hin- und hergehenden Massen durch Gegengewichte ausgeglichen werden. Befriedigend war der Lauf der Lok bei hohen Geschwindigkeiten allerdings nie. Die um die gleiche Zeit erbaute und später verbesserte 2C-Personenzuglok der Gattung P8 war ihr auch hierin deutlich überlegen. Die Erhöhung der Zuggewichte ließ die S6 für den Schnellzugdienst bald zu schwach werden und sie mussten den 2C-Lok das Feld räumen. Sie wurden im leichten Personenzugdienst aufgebraucht und waren um 1928, also nach einer mittleren Lebensdauer von 20 Jahren, fast restlos verschwunden. Dagegen haben sich die zum Ende des Ersten Weltkrieges nach Polen und Belgien ausgelieferten S6 bis Mitte der fünfziger Jahre gehalten. Als Reihe 66 der belgischen Eisenbahnen waren 1944 noch 42 Stück der S6-Loks vorhanden, die im Werkverkehr in Antwerpen, Gent, Löwen und Landen eingesetzt waren. Von den in Polen als Pd5 bezeichneten S6-Loks kamen 56 Stück unter der Betriebsnummer 13 501-13 556 wieder in den Besitz der Deutschen Reichsbahn. Im endgültigen Umzeichnungsplan des Jahres 1925 erhielten die noch vorhandenen die Betriebsnummern 13 1001-13 1286. Im Laufe der Jahre schieden sie alle aus, die letzten im Jahre 1931. Die nach dem Zweiten Weltkrieg verbliebenen polnischen S6 (Pd5) kamen nach 1945 wieder nach Polen zurück und waren dort bis Mitte der fünfziger Jahre noch im Einsatz. Eine der Loks blieb in Polen erhalten und steht als Denkmal vor der Technischen Hochschule in Warschau. Es war die Pd5-32.

Mit der S6 endete bei der KPEV die Geschichte der 2B-Schnell- und Personenzuglokomotiven, die in ihrer Entwicklung bedeutende Fortschritte brachten.

Werbelokomotiven der Deutschen Bahn AG

von Wolfgang Schmidt und Karl-Werner Friedrich

Die Vorreiterrolle in Sachen Werbelokomotiven übernahmen die Schweizerischen Bundesbahnen. Diese gaben 1994 mit der Freigabe den Startschuss für die Nutzung von Lokomotiven als Werbeträger in mobiler Form und ein Teil der schweizerischen Elektrolokomotiven der Baureihe 460 wurde mit Werbung versehen. Die ersten Werbelokomotiven! Diese Art der Werbung fand daraufhin auch in Deutschland regen Zuspruch nach dem Motto „Werbung soll sich von anderen Werbungen abheben und mit der Zeit gehen". Warum nicht auch fahren? Somit waren die Begriffe Lokomotivwerbung und Verkehrsmittelwerbung aus der Taufe gehoben.

Die Werbung bei Verkehrsmitteln wird von vielen Menschen gesehen und erreicht dabei mehr als die Hälfte der erwachsenen Bevölkerung, die sich laut einer Umfrage spontan an diese Art der Werbung erinnern kann.

Es gibt wohl kaum ein weiteres Unternehmen in Deutschland, das im Bereich der Werbung so vielfältige Möglichkeiten bietet, wie die Deutsche Eisenbahn-Reklame GmbH. Für eine erfolgreiche Werbung steht diese Gesellschaft mit ihrer Zentrale in Kassel und den zwölf Niederlassungen in ganz Deutschland. „Werbung, die Sie vorwärts bringt" lautet ein Werbespruch dieses Unternehmens. Eine ganze Lokomotive als fahrende Werbefläche ist laut der Deutschen Eisenbahnreklame GmbH eine Produkt- und Imagewerbung, die kaum zu überbieten sein dürfte. Als besonderes und pressewirksames Highlight für eine Werbekampagne gilt dabei ein Event mit der Lokenthüllung und dem Aufsehen erregenden Auftritt einer Lokomotive mit der Werbung der jeweiligen Firmen. Von diesem Angebot haben mittlerweile schon viele Unternehmen Gebrauch gemacht. Mit der Lokwerbung in Form einer Werbefolie als Teil- oder Ganzreklame versehen, waren vorwiegend im Fernverkehr zeitweilig 100 Lokomotiven der Baureihe 101 mit den verschiedesten Werbebedruckungen unterwegs.

Die Firma Bayer aus Leverkusen war eines der ersten Unternehmen, das seine Werbung auf eine der Lokomotiven dieser Baureihe aufbringen ließ. Mittlerweile gibt beziehungsweise gab es mehrere Werbelokomotiven, die mit Folien beklebt auf Produkte der Bayer AG hinweisen und durch Deutschland fahrend ihre Werbebotschaften übermitteln.

Die CMA-Deutschland, dahinter verbirgt sich die Centrale Marketing-Gesellschaft der Deutschen Agrarwirtschaft, setzte ab dem 13. September 2000 neue Akzente und schickte nach ihrer Enthüllung

Werbelokomotiven der CMA-Flotte bei ihrer Vorstellung am 13. September 2000 in Hamburg-Eidelstedt mit ihren drei verschiedenen Werbungen als einzige Lokomotiven in Ganzreklame-Ausführung. Links die 101 055-2, in der Mitte die 101 047-9 und rechts die Lok 101 029-7 mit der kessen Milchwerbung. Foto: CMA-Deutschland

101 094-1 Bayer AG mit der Aspirin Plus C-Werbung am 2. August 2000 im Essener Hauptbahnhof.

101 090-9 Bayer AG mit Bayer-Kompetenz und Verantwortung am 17. Juli 2001 im Hauptbahnhof von Oberhausen.

101 066-9 Bayer AG mit der Makrolon-Werbung für hochwertigen Kunststoff in Bebra 3. August 2000.

101 089-1 mit der Pflanzenschutzmittel-Werbung der Bayer AG, die so genannte Gartenlok im Essener Hbh.

20 Lokomotiven der Baureihe 101 mit dem Hinweis auf den Genusswert und die Frische von deutschem Fleisch als rollende Litfasssäulen auf Werbefeldzug.

„Genießen auf gut deutsch: mit Fleisch aus unseren Regionen" hieß es auf den Seitenflächen der 20 Lokomotiven mit der CMA-Werbung, wobei die Lokkästen in ihrer herkömmlichen verkehrsroten Farbgebung verblieben. Eine Ausnahme bildet hier die 101 055-2, die komplett mit einer Werbefolie überzogen als Ganzreklame der CMA immer noch zugkräftig durch die deutschen Lande fährt.

Hier die Seitenfläche der 101 055- 2 mit der CMA-Fleischwerbung in Ganzreklameausführung.

Der Verein „Mehr Zeit für Kinder e.V." in Frankfurt und der Kooperationspartner CMA Deutschland sorgten dafür, dass 48 Lokomotiven auf die Wünsche und Bedürfnisse von Kindern in unserer Gesellschaft aufmerksam machten und die Seitenflächen der Loks mit den folgenden drei verschiedenen Schriftzügen beklebt wurden:

1. Jedes dritte Kind geht ohne Frühstück aus dem Haus
2. Kinder sitzen pro Woche 17,5 Stunden vor dem Fernseher
3. Mütter und Väter spielen mit ihren Kindern zehn Minuten am Tag

Davon wurden jeweils zwei unterschiedliche Texte und Bildmotive auf den Seitenflächen angebracht. Die 101 047-9 war dabei die einzige Lok, die mit einer Ganzreklame versehen für diese Kampagne unterwegs war.

Elf Lokomotiven mit der Milchwerbung wurden von der CMA auf die Reise geschickt. Ein zeitgemäßes Produkt wie die Milch braucht auch einen zeitgemäßen Auftritt. Die herausgestreckte und mit Milch belegte Zunge mit dem Spruch „Milch. Alles andere schmeckt nur nass" wird jedem Betrachter aufgefallen sein. Auch hier gibt es die 101 029-7 mit der Milchwerbung als Vollreklame, alle anderen Maschinen wurden nur mit einer Teilreklame versehen.

Die Mindestbelegungsdauer pro Lok beträgt mindestens ein Jahr. Die Kosten für diese Jahresbelegung liegen laut Angaben der Deutschen Eisenbahn-Reklame GmbH bei etwa 32 000 bis 51 000 Euro plus Mehrwertsteuer, und die Produktionskosten belaufen sich einschließlich Montage und Demontage bei rund 15 000 Euro plus Mehrwertsteuer. Für jede Werbelok werden dafür etwa 2,3 Millionen Kontaktchancen im Jahr von Reisenden im Fern- und Nahverkehr, Bahnhofsbesuchern und anderen Verkehrsteilnehmern von der DERG angegeben.

Die Werbelokomotiven der Baureihe 101

Die Elektrolokomotive der Baureihe 101 der Deutschen Bahn AG hat in vielen Bereichen des schnellen Fernverkehrs das ehemalige Paradepferd der DB, die Baureihe 103, fast gänzlich abgelöst. Diese neue vierachsige Universallokomotive erreicht eine Höchstgeschwindigkeit von 220 km/h und wurde bei dem Lokomotivhersteller ADtranz in Kassel gebaut. 145 Lokomotiven dieser Baureihe konnten zwischen 1996 und 1998 von der Deutschen Bahn AG mit den Betriebsnummern 101 101 bis 101 145 von ADtranz in den Betriebsdienst übernommen werden. Von ihrem Heimatbetriebshof Hamburg-Eidelstedt werden diese modernen Elektrolokomotiven auf deutschen Gleisen vor Intercity- und Interregio-Zügen mit mehr als 200 Sachen eingesetzt. Waren die ersten drei Lokomotiven der Baureihe 101 noch in Orientrot lackiert, wurden alle nachfolgenden Maschinen dieser Baureihe in der verkehrsroten Farbgebung ausgeliefert.

Doch ab 1998 sollte sich das Outfit der Baureihe gewaltig ändern. Man hatte diese Elektrolokomotiven der Deutschen Bahn AG als fahrende Werbelokomotiven auserkoren. Neben ihrem imposanten Erscheinungsbild bietet sich diese Lok der Baureihe 101 mit einer 19 m langen und 4 m hohen Werbefläche geradezu für Werbezwecke an und ist somit ein Garant für unübersehbare Imagekampagnen. Die 86 Tonnen schweren Loks werden dabei als Zugloks vor Fernzügen der Deutschen Bahn AG auf die Reise geschickt und kommen somit wirklich überall herum. Bei jedem Einsatz, bei jedem Halt und während jeder Fahrt werden sie von vielen Menschen gesehen und bringen dabei das Werbeprodukt als fahrende Werbebotschaft an den Verbraucher.

Im Laufe der folgenden Jahre sollte es nun mehr Werbelokomotiven dieser Baureihe in Ganz- und Teilreklame geben und somit wurden die normallackierten Loks in verkehrsroter Farbgebung auf deutschen Gleisen fast zur Rarität. 100 Lokomotiven der Baureihe 101 waren zeitweilig in Sachen Werbung auf deutschen Gleisen unterwegs.

Alle Lokomotiven dieser Bauart werden hier nach ihrer laufenden Betriebsnummer und mit ihrer Werbung vorgestellt.

Vorstellung einer Lok der Baureihe 101: Die Elektrolok der Baureihe 101 bietet neben ihrem imposantem Aussehen auch eine wunderbare Seitenfläche, die sich für Werbezwecke hervorragend nutzen lassen. Hier die 101 047-9 zur Veranschaulichung der Seitenfläche am 23. Juli 2000 im Bahnhof von Wanne-Eickel.

101 001-6 der Deutschen Bahn zählte schon bei ihrer Indienststellung auf Grund der orientroten Farbgebung zu den Besonderheiten gegenüber den anderen Maschinen dieser Baureihe, die in der verkehrsroten Farbgebung von ADtranz ausgeliefert wurden. Am 1. Juli 1996 fand das Roll-Out in Kassel bei der ADtranz statt. Bevor sie in den Betriebsdienst der Deutschen Bahn AG übernommen wurde, unternahm die Eisenbahnversuchsanstalt in Minden noch umfangreiche und intensive Tests mit dieser Lok.

Als erste Werbelok dieser Baureihe wurde sie 1998 anlässlich des zehnjährigen Bühnenjubiläums des Musicals Starlight-Express in Bochum mit Motiven des Musicals und der Aufschrift „Starlight-Express" auf den seitlichen Flächen als Ganzreklame auf die Reise geschickt. Auch die Modellbahnfirma Märklin nahm sich des Jubiläums an und produzierte eine HO-Modellbahn-Werbelok. Nach Ablauf des etwa einjährigen Werbezeitraums von August 1998 bis September 1999 wurde die Werbefolie an dieser Lok wieder entfernt.

101 001-6 ist seit 1998 in dunkelblau und mit Motiven vom Musical Starlight-Express in Bochum und Schriftzügen der Modellbaufirma Märklin versehen als Werbelok in Ganzreklame-Ausführung unterwegs: 5. Juni 1999 als Zuglok mit einem Interregio-Zug.

MERIAN – Die Lust am Reisen, mit diesem neuen Werbeslogan ist die 101 001-6 mittlerweile mit ihrem dritten Werbeträger beklebt worden. Am 3. Apil 2002 konnte sie kurz vor der Ausfahrt aus dem Essener Hauptbahnhof mit ihrer Zugleistung betrachtet werden.

Doch es erfolgte eine erneute Beklebung. Ab Mitte September 1999 wurde sie nun für die Weltmeisterschafts-Bewerbung 2006 des Deutschen Fußballbundes erneut als Werbelokomotive vor Reisezügen der Deutschen Bahn AG eingesetzt. Sie wurde mit zwei unterschiedlichen Seitenflächen und dem Gruß „Willkommen im Fußball-Land" verziert. Bis zum Februar 2002 konnte sie als Werbeträger des Deutschen Fußballbundes angetroffen werden, dann wurde auch diese Folie wieder entfernt.

Doch erstaunlicher Weise wurde die Lok ein drittes Mal als Werbeträger auserkoren und konnte am 1. März 2002 im Bahnbetriebswerk Hamburg-Eidelstedt erneut als neue Werbelokomotive vorgestellt werden. Wiederum in Ganzreklame, diesmal komplett in blau gehalten, wirbt sie nun mit dem Slogan „Merian – Die Lust am Reisen" für einen Markenführer der Reiseliteratur.

101 002-4 gehörte auch zu den ersten Maschinen der Baureihe 101, die in orientroter Farbgebung bei der Indienststellung bei der Deutschen Bahn AG ausgeliefert wurde. Mit dieser Betriebsnummer führt sie die Listung der Elektrolokomotiven an, die als Werbeloks oder „rollende Litfasssäulen" für die CMA-Lokflotte ab September 2000 vor Intercity- und Eurocity-Zügen als Zuglok zum Einsatz kamen.

Die nachfolgend aufgeführten Lokomotiven wurden mit einer Teilreklame auf der Seitenfläche versehen, wobei die Lokkästen in ihrer herkömmlichen Farbgebung verblieben. Ausnahme bildet, wie schon

101 001-6 mit der Werbung für den Deutschen Fußballbund für die Fußball-Weltmeisterschaft 2006 mit zwei unterschiedlichen Seitenflächen.

101 002-4 Werbelok mit Fleischwerbung der CMA Deutschland als Teilreklame versehen am 9. Oktober 2000 vor einem Intercity im Essener Hauptbahnhof.

erwähnt, die 101 055-2: 101 002-4, 003-2, 004-0, 007-3, 017-2, 018-0, 026-3, 027-1, 030-5, 036-2, 038-8, 040-4, 045-3, 049-5, **055-2** (ist als Werbelok mit Vollreklame heute noch im Einsatz) 058-6, 071-9, 114-7, 133-7, 143-6. (Stand: Juni 2002.) Bei allen anderen Maschinen wurde mittlerweile die Werbefolie wieder entfernt und diese 101er fahren nun wieder in ihrer ursprünglichen Farbgebung im regulären Fernreiseverkehr.

101 006-5 führt als ehemalige, in verkehrsroter Farbgebung lackierte 101er die Reihung jener Lokomotiven an, die als Werbelok mit Bildern und Schriftzügen auf ihrer Seitenfläche für die Kampagne: „Mehr Zeit für Kinder" durch die deutschen Lande fahren durfte. Neben einer bundesweiten Plakatkampagne sollten von nun an auch 48 Lokomotiven auf Wünsche und Bedürfnisse von Kindern in unserer Gesellschaft aufmerksam machen. Mit jeweils zwei verschiedenen Slogans auf den Seitenflächen wurden folgende Loks der Baureihe 101 für die CMA auf die Reise geschickt: 101 006-5, 009-9, 011-5, 012-3, 013-1, 022-2, 024-8, 025-5, 028-9, 031-3, 033-9, 035-4, 039-6, 041-2, 043-8, 046-1, **047-9** (war mit Vollreklame unterwegs) 048-7, 051-1, 052-9, 053-7, 054-5, 059-4, 069-3, 100-6, 101-4, 102-2, 105-5, 107-1, 109-7, 112-1, 116-2, 117-0, 118-8, 120-4, 121-2, 122-0, 123-8, 127-9, 129-5, 132-9, 134-5, 135-2, 136-0, 139-4, 140-2, 142-8, 144-4. (Stand: Juni 2002.)

101 008-1 führt die Listung der Lokomotiven mit der Milchwerbung von CMA-Deutschland an. „Milch. Alles andere schmeckt nur naß." Mit dieser Kampagne der CMA-Deutschland, die beim Endverbraucher sehr gut ankam, warben von September 2000 bis ins Jahr 2001 elf Lokomotiven der Baureihe 101 für Milch und Milchprodukte aus Deutschland.

Hier kann man den dritten Werbespruch der CMA-Deutschland in Teilreklame-Ausführung auf den Seitenfläche der 101 022-2 im Bahnhof von Oberhausen betrachten.

Am 13. Juni 2001 stand 101 132-9 mit dem Slogan „Mütter und Väter spielen mit ihren Kindern 10 Minuten am Tag" im Oberhausener Hauptbahnhof.

Am 29.September 2001 war 101 032-1 mit dieser kessen Teilreklame für die Milchwerbung der CMA im Essener Hauptbahnhof anzutreffen.

Zu den ersten abgelichteten Mini-Cooper-Werbelokomotiven gehörte die 101 086-7. Am 29. Juni 2002 hat sie gerade den Essener Hauptbahnhof erreicht.

Folgende Lokomotiven der Baureihe 101 waren für diese Kampagne unterwegs: 101 008-1, 015-6, 016-4, 020-6, **029-7** (ist auch heute noch mit Vollreklame unterwegs) 032-1, 050-3, 104-8, 119-6, 125-3, 128-7.

101 010-7 wurde erstmalig – gegenüber vielen anderen Maschinen dieser Baureihe – mit einer Werbefolie als Vollreklame überzogen. Seit 4. Juli 2002 wirbt sie mit neun Schwestermaschinen für den Mini Cooper S, einem Produkt aus dem Hause BMW, und fährt mit der Botschaft „Mini-Cooper S. Supercharged. Is It Love?" durch die deutschen Lande, jedoch nicht komplett beschriftet.

Folgende Lokomotiven der Baureihe 101 sind damit auf Tour: 101 010-7, 039-6, 077-6, 085-9, 086-7, 090-9, 091-7, 095-8, 098-2, 099-0. (Stand: Juli 2002.)

101 014-9 der Deutschen Bahn AG ist seit ihrer Vorstellung am 17. September 2001 in Berlin für das Technische Hilfswerk, kurz THW genannt, als Werbelokomotive vor Intercity- und Interregio-Reisezügen anzutreffen. Die Lok wurde anlässlich der Feierlichkeiten „50 Jahre THW" mit einer Ganzreklame versehen. Nun zieren die Stirnseiten dieser Schnellzuglok neben dem DB-Keks auch das THW-Zahnrad. Auf den Seitenflächen sind der Schriftzug „50 Jahre Technisches Hilfswerk" sowie Motive aus der Geschichte des THW zu sehen. Auch eine Modellbahnlok kann man käuflich erwerben und auf seinen heimischen Gleisen dauerhaft fahren lassen.

Bei der Ausfahrt aus dem Recklinghäuser Hauptbahnhof zeigte am 25. Juli 2002 die 101 056-0 eine ihrer zwei neuen unterschiedlichen Werbebeklebungen für „Italia – Die Marche", eine Urlaubsregion in Italien.

101 014-9 THW-Werbelok bei der Ausfahrt am 5. Januar 2001 im leicht verschneiten Essener Hauptbahnhof.

101 096-6 hat, mit ihren Urlaubslandschaften auf den Seiten, am 13. Juli 2002 im Oberhausener Hauptbahnhof.

101 016-4 führt die Auflistung der Werbelokomotiven dieser Baureihe an, die für „Italia. Die Marche" Reklame machen. Erste Maschine mit der neuen Werbung war die ehemalige Bayer-Werbelok 101 096-6. Nach ihr folgten noch vier weitere Loks dieser Baureihe. Die Seitenflächen der Lokomotiven sind mit unterschiedlichen Motiven beklebt. Folgende Loks der Baureihe 101 sind für Italia Die Marche vorgesehen: 101 016-4, 056-0, 096-6, 109-7, 117-0. (Stand: Juli 2002.)

Mit dem Werbespruch auf ihrer Werbefläche „Kinder sitzen pro Woche 17,5 Stunden vor dem Fernseher" steht am 12. April 2001 die 101 043-8 mit einem Intercity zur Abfahrt im Essener Hauptbahnhof bereit.

Essen – Die Einkaufsstadt grüßte am 20. April 2002 die 101 043-8 mit ihrem neuen Werbeträger.

101 029-7 der Deutschen Bahn AG ist als Werbelok in Ganzreklame-Ausführung für die CMA-Flotte Deutschland mit der Milchwerbung zugkräftig unterwegs. Neben der Milchwerbung und dem CMA-Logo befindet sich auch noch der Schriftzug der von der Europäischen Gemeinschaft finanzierten Kampagne auf der Seitenfläche.

101 039-6 fuhr bis zum Januar 2002 mit der Beschriftung der CMA „Mehr Zeit für Kinder". Nach einer Werbepause ist sie seit Ende Juni 2002 wieder als Werbelok im Einsatz und gehört zu den zehn Lokomotiven mit der Mini-Cooper S-Werbung.

101 043-8 der Deutschen Bahn war mit ihrer ersten Beklebung als Werbelok für die CMA unter

Mit ihrer Milchwerbung, der von der Europäischen Gemeinschaft geförderten Kampagne der CMA, steht die 101 029-7 mit einem Interregio im Bahnhof Wanne-Eickel.

dem Motto „Mehr Zeit für Kinder" von Oktober 2000 bis zum September 2001 zugkräftig unterwegs. Danach wurde diese Werbefolie entfernt. Seit dem 5. September 2001 ist die Lok mit einem Werbemotto für das Deutsche Institut für Normung auf den Seitenfächen unterwegs.

101 047-9 der Deutschen Bahn AG war mit ihrer ersten Beklebung ebenfalls als Werbelok für die CMA mit „Mehr Zeit für Kinder" von September 2000 bis November 2001, jedoch mit Ganzreklame, auf Tour.

Die mit einer Ganzreklame versehene 101 047-9 im Duisburger Hauptbahnhof.

Nachdem bei der 101 047-9 die alte Werbefolie entfernt wurde, ist sie nun bei der zweiten Werbung für den Chemiekonzern Bayer AG unterwegs. Hier wirbt sie nun für das Produkt Makrolon. Einem leichten, hochwertigen, transparenten High-Tech-Kunststoff, der für die Herstellung von Autoscheinwerfer verwandt wird, ziert nun die diese Lok. Am 18. Juni 2001 war als Schublok hinter einem Intercity im Essener Hbf. anzutreffen.

Bei herrlichem Winterwetter präsentierte sich am 24. Februar 2001 die 101 055-2 im Essener Hauptbahnhof. Heute ist sie Zuglok vor einem Intercity. Fleischwerbung in Ganzreklameausführung mit dem Werbespruch „Genießen auf gut deutsch: mit Fleisch aus unseren Regionen".

101 065-1 gehört auch zu den Elektrolokomotiven der Baureihe 101, die mit der Makrolon-Werbung von der Bayer AG zu Werbezwecken genutzt wurde. Als Zuglok vor einem Interregio und wartet sie am 21. April 2002 im Bahnhof Wanne-Eickel auf den Abfahrauftrag.

Mit der zweiten Werbung ist diese Lok jetzt für den Chemiekonzern Bayer AG im Werbeeinsatz. Es geht um das Produkt Makrolon, einem leichten, hochwertigen, transparenten High-Tech-Kunststoff, der für die Herstellung von Autoscheinwerfer verwendet wird.

101 055-2 fährt mit Fleischwerbung für die CMA als Ganzreklame-Lokomotive mit dem Motto „Genießen auf gut deutsch. Mit Fleisch aus unseren Regionen" über das Schienennetz.

Im leicht winterlichen Essener Hauptbahnhof präsentierte sich die 101 076-8 mit ihrer „Nett hier"-Werbung.

101 056-0 wurde im Juli 2002 erstmalig in den Club der Werbelokomotiven aufgenommen und wirbt nun für „Italia – die Ferienregion – Die Marche, ganz Italien in einer Region". Versehen mit zwei unterschiedliche Motiven auf ihren Seitenflächen verkehrt diese Lok nun vor Fernreisezügen in ganz Deutschland.

101 060-2 reiste als Makrolon-Lok mit noch drei weiteren Lokomotiven dieser Bauart für die Bayer AG aus Leverkusen. Mit blauer Farbgebung, rotem und weissem Schriftzug auf Front- und Seitenflächen und mit CD's verziert fuhren die Loks durch unser Land. Hierbei handelte es sich mittlerweile um die dritte Werbevariante des Bayer Konzerns. Folgende Lokomotiven der Baureihe 101 waren für Bayer unterwegs: 101 060-2, 061-0, 065-1 und 066-9. (Stand: Juni 2002.) Inzwischen sind die Loks wieder ohne Werbung im täglichen Einsatz anzutreffen.

101 062-8 ist eine Vertreterin der Lokomotiven, die für das Land Baden-Württemberg Reklame machen: „Nett hier! Aber waren Sie schon einmal in Baden-Württemberg?" Die Elektrolokomotiven haben dabei ihre verkehrsrote Farbgebung behalten und sind nur mit dem Schriftzug versehen worden. Seit Mitte Juni 2000 waren folgende Lokomotiven der Baureihe 101 für Baden-Württemberg im Einsatz: 101 062-8, 063-6, 064-4, 067-7, 070-1, 072-7, 073-5, 074-3, 075-0, 076-8, 079-2. (Stand: Juni 2002.)

101 068-5 ist bisher die einzige 101er, die als Zuglok und Sympathieträger in Sachen Fußball für den Bundesligisten Bayer 04 Leverkusen vor Reisezügen der Deutschen Bahn AG unterwegs ist und auf ihren Seitenflächen als Ganzreklame Werbung macht mit „Alles rund um den Fußball bei Bayer 04".

101 077-6 fährt seit Anfang Juli 2002 mit der Mini-Cooper-Werbung durch die deutschen Lande.

101 078-4 ist seit dem 8. Juni 2001 mit ihrer Schwestermaschine 101 087-5 mit der zweiten Version der Makrolon-Werbung für Bayer auf Achse.

101 080-0 ist seit dem 13. April 2000 eine der ersten Werbelokomotiven der Deutschen Bahn AG, die mit dem Design von Aspirin-Plus-C von Bayer auf deutschen Gleisen unterwegs ist. Mit dieser ersten Werbeversion aus dem Hause Bayer wurden insgesamt sieben Maschinen der Baureihe 101 beklebt, die ständig im Einsatz vor schnellen Reisezügen anzutreffen waren. Doch passierte bei dieser ersten Werbung ein kleiner Fehler bei der Herstellung beziehungsweise bei der Beklebung dieser Lokomotiven mit der Aspirin-Werbung. Mit dem türkisfarben

Am 2. März 2002 war die Bayer 04 Leverkusen-Werbelok als Schublok an einem Intercity in Koblenz anzutreffen.

Im Essener Hauptbahnhof machte am 16. Februar 2002 die 101 068-5 Werbung für den Fußballligisten Bayer 04.

Im Bahnhof Freilassing konnte man am 30. August 2001 die neue Werbung MMORE aus dem Hause Bayer auf der Seite der Werbelok 101 078-4 genauer betrachten.

Mittlerweile sind bei der 101 080-0 mit ihrer Bayer-Werbung die Zahlen der Betriebsnummer in schwarzen Zahlen aufgebracht worden.

Untergrund wurde zwar eine ansprechende Werbefläche geschaffen, aber die Lokbeschriftung kam dabei zu kurz. Mit weissen Zahlen auf diesem Untergrund war die Loknummer nicht zu erkennen und mancher Lokführer suchte seine ihm zugeteilte Lok manchmal fast vergebens. Folgende Lokomotiven der Baureihe 101 waren als Aspirin-Werbelokomotiven unterwegs: 101 080-0, 082-6, 086-7, 094-1, 097-4, 099-0. (Stand: Juni 2002.)

101 082-6 war seit dem 2. Mai 2000 auch eine dieser fahrenden Pillen-Werbeloks mit dem Design aus dem Hause Bayer. Auch ihre Loknummern-Beschriftung wurde in weißen Zahlen mittig auf der Stirnseite aufgebracht. Seit dem 5. April 2002 ist die Lok wieder mit neuer Werbung beklebt. Mit gelbem Untergrund, einem schwarzen Streifen und der weißen Bedruckung „BKK“ ist sie nun als Zuglok vor Reisezügen im Fernverkehr zu bewundern.

Das Problem mit den nicht lesbaren Zahlen hat sich bei dieser Aufnahme bereits erledigt. „Neu denken“ heißt nun die Beschriftung für die BKK-Ost. Hiermit wirbt die 101 082-6 für die Betriebskrankenkassen-Ost in Berlin, Brandenburg, Sachsen, Sachsen-Anhalt und Thüringen.

Bayer-Lok 101 083-4 wirbt hier noch mit ihrer ersten Werbung für Kompetenz und Verantwortung der Bayer AG vor einem Interregio im Bahnhof Essen am 29. Juni 2000.

101 083-4 eine der ersten 101er, die als Werbeträger für den Bayer Konzern seit dem 18. Mai 2000 mit noch zehn anderen Maschinen mit dieser Bayer-Werbung für ein prächtiges Farbenspiel bei den sonst in verkehrsroter Farbgebung fahrenden Loks beitrugen. Folgende Lokomotiven waren als Bayer-Werbeträger unterwegs: 101 083-4, 084-2, 085-9, 088-3, 089-1, 090-9, 091-7, 093-3, 095-8, 096-6, 098-2. (Stand: Juli 2002.)

Nach Beendigung der Werbezeit mit dem Aufdruck „Kompetenz und Verantwortung Bayer AG" wurde diese Folie entfernt. Seit Dezember 2001 ist die 101 083-4 in Sachen Werbung für die Kino-Highlights 2002 der 20th Century Fox versehen und warb zunächst für den neuesten Kinofilm „ICE-AGE". Im März 2002 folgte „Star Wars Episode II – Angriff der Klonkrieger" und seit dem 31. Juli 2002 ist die Lok mit Motiven für den Kinofilm „Minory-Report" unterwegs.

101 085-9 ehemals Werbelok für den Bayer-Konzern, trägt seit Anfang Juli 2002 den Mini-Cooper auf ihren Seiten.

101 086-7 hatte ebenfalls bereits für Bayer geworben uns ist seit Juni 2002 mit dem Mini Cooper S. auf Achse. Neun weitere Lokomotiven dieser Baureihen sind mit dieser Werbung im Einsatz.

101 087-5 fährt seit dem 18. September 2001 mit ihrer Schwestermaschine 101 078-4 mit der zweiten Version der Makrolon-Werbung „MMORE" für den Chemiekonzern Bayer Leverkusen als Werbelok durch Deutschland. Vor dieser Beklebung war sie schon mit der Aspirin-Werbung in Ganzreklame unterwegs. Ihre Betriebsnummer stand in schwarzen Zahlen links und nicht mittig auf der Stirnseite.

Am 3. Februar 2002 gelang es, die 101 083-4 mit dieser Werbung im Essener Hauptbahnhof abzulichten.

Hier ein Detail der neuen Seitenbeklebung für Kino-Highlights 2002 für den Film Star Wars Episode II.

Die Bayer-Werbelok 101 087-5, hier noch mit ihrer ersten Werbung, wurde schon mit schwarzen Betriebsnummern beklebt. Am 10. Juni 2000 verließ sie Recklinghausen.

Mit einem Intercity verlässt 101 087-5, mit ihrer neuen Werbung für die Bayer AG, am 15. Juni 2002 den Hauptbahnhof von Essen.

ADtranz-Eigenwerbung – 150 Jahre Lokomotiven aus Kassel – trägt 101 089-1 am 16. Mai 1998 in Kassel.

Im Bahnbetriebshof Dortmund steht 101 089-1 mit ihrer neusten Beklebung, wiederum für die Bayer AG. Mit ihrem hellgelben Untergrund, dem Bayer-Emblem und farblichen Blumen verziert ist sie nun als Bayer-Gartenlok vor Fernreisezügen in ganz Deutschland anzutreffen.

101 089-1 besaß als erste eine Werbung in eigener Sache von dem Lokomotivhersteller ADtranz, heute besser unter dem Namen Bombardier bekannt. „150 Jahre Lokomotivbau aus Kassel" war das Thema auf der verkehrsroten Farbgebung. Als zweite Beklebung folgte vom 25. Mai 2000 bis 30. Juli 2001 eine Ganzreklame für den Bayer Konzern. Ihre Betriebsnummern wurden in schwarzen Zahlen auf der Stirnseite angebracht.

Nun trägt die Lok seit dem 1. August 2001 erneut eine Bayer-Werbung. Mittlerweile ist es die dritte Werbebeschriftung, diesmal mit gelbem Untergund und mit Pflanzenverzierung. Die Betriebsnummer wurde mittig in weißen Zahlen und gut lesbar auf der Stirnseite angebracht.

101 090-9 ist in Sachen Werbelokomotive kein Neuling. Schon als Ganzreklame-Lok war sie bereits für den Bayer-Konzern von Mai 2000 bis vor kurzem unterwegs. Seit Juli 2002 wurde sie erneut als Werbelokomotive mit der Mini Cooper-Werbung auf die Reise geschickt.

101 091-7 war seit Mai 2000 mit der Bayer-Werbung beklebt und bis Juni 2002 im Einsatz im Fernverkehr als Zuglok vor Intercity- oder Interregio-Zügen. Jetzt ist die Lok mit 9 weiteren für nur drei Monate mit der Mini Cooper-Werbung auf Reisen.

101 095-8 wurde nach Entfernung ihrer ersten Bayer-Werbung, Ende Juni 2002, auch mit dem Mini Cooper verschönt.

101 096-6 – kaum war ihre erste Werbefolie von Bayer entfernt, präsentiert sich diese Lok nun seit Juli 2002 mit „Die Marche, ganz Italien in einer Region." „Ihr heiterer Urlaub". Die Frontseite ziert ein Wappen der Region Marche und auf der anderen Seite ist ein kleiner Schriftzug „Italia" aufgebracht worden. Felswände, blaues Meer und Segelboote sollen den Urlaub in Italien schmackhaft machen. Mit dieser Werbung war die 101 096-6 die erste Maschine von insgesamt fünf vorgesehenen Maschinen. Auflistung aller Maschinen siehe bei 101 016-4.

101 098-2 zunächst für Bayer mit Ganzreklame-unterwegs, trifft man diese Lok nun als Vertreterin in Sachen Mini-Cooper mit einer Teilreklame an.

101 099-0 nach Bayer-Werbung nun eine der zehn Mini-Cooper-Loks.

101 100-6 trug anlässlich einer kleinen Feier bei ADtranz für die 100. Lok dieser Baureihe eine große 100 auf ihrem Lokkasten. Sie zählte als ehemalige, in verkehrsroter Farbgebung lackierte 101er zu jenen

Am 18. Juni 2001 war 101 091-7 mit ihrer ersten Werbung für die Bayer AG im Essener Hauptbahnhof anzutreffen. Auch diese Lok war während dieser Zeit mit schwarzen und weißen Betriebsnummern beklebt worden.

Der 100. Lokkasten der Baureihe für 101 100-6 steht in der Fertigungshalle der Firma ADtranz in Kassel.

Hier ist die 101 100-6, mittlerweile im Betriebsdienst der Deutschen Bahn AG, als Werbelok für die Kampagne „Mehr Zeit für Kinder", mit dem Spruch „Kinder sitzen pro Woche 17,5 Stunden vor dem Fernseher" im Duisburger Hauptbahnhof eingetroffen.

Mit der UVEX-Makrolon-Werbung wirbt die 101 106-3 für den hochwertigen High-tech Kunststoff für Brillen aus dem Hause Bayer. Mit ihrer dunkelblauen Farbgebung und aufgeklebten Werbefolien für Makrolon präsentierte sie sich bei herrlichem Abendlicht im Bochumer Hauptbahnhof.

Mit ihrer weißen Grundfarbe und den AGFA-Aufklebern versehen, hebt sich 101 115-4 direkt von anderen Lokomotiven dieser Baureihe ab. Am 9. Juni 2001 verlässt sie gerade den Essener Hauptbahnhof.

Lokomotiven, die als Werbelok auf ihrer Seitenfläche für die Kampagne: „Mehr Zeit für Kinder" durch die deutschen Lande fuhr.

101 106-3 ist seit dem 5. Juli 2001 nach ihrem Roll-Out in Hamburg-Eidelstedt für das UVEX-Produkt, das zur Brillenherstellung verwendet wird, für den Bayer mit der dritten Makrolon-Version im normalen täglichem Einsatz als Zuglok unterwegs.

101 109-7 konnte man von November 2000 bis September 2001 vor Zügen im Fernverkehr als Vertreterin für die Kampagne „Mehr Zeit für Kinder" antreffen. Nach mehr als einem halbem Jahr Pause wirbt die Lok nun für die Ferienregion Marche.

101 115-4 fährt seit dem 21. August 2001 als neue Werbelokomotive für Agfa durch die deutschen Lande. Im Rahmen einer kleinen Feier wurde sie an diesem Tag im Kölner Hauptbahnhof auf den Namen „Medienstadt Köln" getauft. Mit ihrem neuen zugkräftigen Werbemittel und der Namensgebung will Agfa ihre Verbundenheit mit der Stadt Köln demonstrieren. Nach der Taufe der Lok zeigte Agfa bei einer anschließenden Rundfahrt ihren Gästen ihre Stadt Köln. In einer Ganzreklame mit weißem Untergrund, dem Unternehmenslogo sowie mit der Internet-Adresse www.agfa.com versehen, fährt sie als effektiver Werbeträger mit Fernzügen der Deutschen Bahn AG. Aber nicht nur in der großen Welt der Eisenbahn kann man diese Lok bewundern und fahren sehen, auch in der Welt der Modelleisenbahnen ist dieses möglich, denn Märklin hat ein HO-Modell von dieser Lok gefertigt.

101 117-0 war erst mit Werbesprüchen der CMA für „Mehr Zeit für Kinder" auf ihren Seitenflächen beklebt. Seit Juli 2002 gehört sie zu den fünf Vertreterinnen der Marche-Werbung.

101 130-3 ist als Zuglok vor dem Metropolitan von Köln nach Hamburg unterwegs. Durch ihre silberne Farbgebung fallen diese Lokomotiven etwas aus dem Rahmen. Am Anfang ihrer Zugleistungen

Am 11. August 1999 befindet sich noch das Metropolitan-Emblem auf der Stirnseite der 101 130-3.

Die Schokoladen-Werbelok 101 138-6 bei der Ausfahrt am 6. April 2002 im Essener Hauptbahnhof.

In schwarzer Grundfarbe, mit gelben Spruchwaben versehen und vom Betriebseinsatz gekennzeichnet steht 101 141-0 vor einem Interregio-Zug am 8. Dezember 2001 im Essener Hauptbahnhof.

Mit den seitlichen Aufklebern verziert, steht 101 145-1 am 28. Juli im Essener Hauptbahnhof.

besaßen beide Maschinen noch den brauen Aufkleber „Metropolitan" auf Stirnfront und Seitenfläche. Heute ziert die Stirnfront der Lokomotiven das Logo der Deutschen Bahn AG.

101 131-1 ist die Schwesterlok der 101 130-3 und wird als Zuglok für den Gegenzug des Metropolitan eingesetzt. Auch sie besaß am Anfang den braunen Metropolitan-Aufkleber, der mittlerweile gegen den DB-Keks ausgewechselt wurde.

101 138-6 fährt als Werbeträger in Sachen Schokolade seit dem 29. Januar 2001 mit der Aufschrift „Zetti goes West" und bunten Werbebildern.

101 141-0 wurde am Bahntag 8. September 2001 mit der Aufschrift „Azubis der DB gegen Hass und Gewalt" im Frankfurter Hauptbahnhof vorgestellt. Auf schwarzem Untergrund befinden sich Waben mit Aufschriften gegen Hass und Gewalt.

101 145-1 war mit Eigenwerbung der Firma ADtranz-Bombardier für die letzte gebaute Lokomotive der Baureihe 101 in verkehrsroter Farbgebung und mit seitlichen Motiven von Modellbahn-Lokomotiven versehen. Sie zog Intercity-und Interregio-Züge mit 200 Sachen quer durch Deutschland.

Mittlerweile wurden bei vielen der vorgestellten Werbelokomotiven dieser Baureihe, nach Ablauf ihres etwa einjährigem Werbevertrages, die aufgebrachten Werbefolien wieder entfernt. Somit gehört der etwas farbenfrohe Alltag bei der Lokbespannung dieser schnellen Reisezüge der Deutschen Bundesbahn AG bald wieder der Vergangenheit an. Werden also keine neuen Lokomotiven mehr als Werbeträger oder als Zuglok für Werbekampagnen benötigt, wird das Verkehrsrot wieder für Eintönigkeit der eingesetzten Lokomotiven vor Reisezügen sorgen.

Die Werbelokomotiven der Baureihe 103

Bei der Elektrolokomotive der Baureihe 103 handelt es sich um eine sechsachsige Schnellzuglokomotive. Diese leistungsstarke Lok wurde im damaligen TEE-Dienst als Zuglok eingesetzt. Aber nicht nur dort konnte dieser Star der Schiene sein Können beweisen. Auch im Intercity-Verkehr wurden Reisegeschwindigkeiten von 200 km/h erreicht. Heute dagegen sieht man nur noch selten Einsätze mit dieser Baureihe im Reisezugverkehr.

Interregio-Züge und andere Zuggattungen werden noch mit einigen 103-Lokomotiven bespannt. Der Zahn der Zeit führte zur Ausmusterung und Verschrottung vieler dieser Maschinen. Dennoch gab

Die 103 101-2 in ihrer damaligen rot-beigen Lackierung am 25. Februar 1990 im Münchener Hauptbahnhof.

In weiss-gelb, den Farben der Lufthansa, ist die 103 101-2 als Lufthansa-Air Express in Stuttgart unterwegs.

Mit einem Interregio am Zughaken steht 103 220-0 am 7. Juni 1997 im Essener Hauptbahnhof.

es einige Lokomotiven, die im weiteren Sinne als Werbelokomotiven anzusehen sind.

103 101-2 gehörte zu den 145 Serienmaschinen, die bei ihrer Auslieferung in rot-beiger Lackierung an die Deutsche Bundesbahn übergeben wurde. Im Mai 1991 verlor sie jedoch ihre Ursprungslackierung und wurde mit einer Sonderlackierung in weiss-gelb und mit einem dunkelgrauen Lokrahmen versehen. Für einen Zeitraum von etwa zwei Jahren konnte man sie mit Beschriftungen als Lufhansa Airport Express und mit einigen Wagen in den Farben der Lufthansa bis Juni 1993 auf den Gleisen als Zuglok antreffen.

103 220-0 stellt eine Besonderheit unter den Lokomotiven der Baureihe 103 dar. Nachdem 1995 durch den Geschäftsbereich Reise & Touristik der Deutschen Bahn AG der Touristikzug aus der Taufe gehoben wurde, konnte man ab 1998 diese Elektrolok in Ganz-Sonderlackierung in dunkelblau-grün-gelb und den dazu passenden Reisezugwagen im gleichen Farbkleid bewundern. Eingesetzt war sie als Zuglok vor dem Touristikzug mit der Zugkennung Uex (für Urlaubsexpress) von Köln oder Düsseldorf zur Ostseeküste. Für die nicht elektrifizierten Strecken wurden extra Diesellokomotiven der Baureihe 218 in der gleichen Farbenpracht umlackiert.

103 233-3 gilt ebenfalls neben ihrer Schwesterlok 103 220-0 als Sonderling der Baureihe 103. Durch den stärkeren Einsatz der neuen Baureihe 101 als Zuglokomotiven vor Reisezügen wurden immer mehr Maschinen der Baureihe 103 ausgemustert und verschrottet. Seitens der Deutschen Bahn AG war bei diesen Lokomotiven eine Umlackierung in das neue verkehrsrote Farbkonzept nicht mehr geplant. Dennoch wurde es durch Sponsoren der Modellbaufirma Roco, dem Eisenbahn-Journal und der Firma Rio-Grande-Video möglich, eine Lokomotive dieser Baureihe als Zuglok in verkehrsroter Farbgebung vor Intercity- und Interregiozügen auf den Gleisen der Deutschen Bahn AG anzutreffen. Die sogenannte

Aufkleber des Sponsors Fa. Roco

Roco-Lok erhielt im Jahr 2000 diese neue verkehrsrote Farbgebung und besitzt zusätzlich einen Aufkleber unter dem Führerstandsfenster mit einem Schild der Sponsoren auf dem geschrieben steht: „Sag zum Abschied leise Servus. Einst war ich der Star auf deutschen Schienen. Jüngere, Schnellere und Effizientere nehmen heute meinen Platz ein. Doch meine Fans haben mich nicht vergessen, und einer hat mir sogar ein neues Farbkleid spendiert!"

Roco hat der 103 in verkehrsroter Ausführung eine Modellausführung gewidmet.

Die Werbelokomotiven der Baureihe 104

Die Baureihe E 04, von der Firma AEG in den Jahren 1932 bis 1936 gebaut, wurde in den flachen Regionen in Mitteldeutschland eingesetzt. Bei einem Gewicht von etwa 92 t, einer Leistung von 2190 KW und einer Höchstgeschwindigkeit von 130 km/h wurden sie von mehreren Betriebswerken eingesetzt.

E 04 01 ist die einzige noch betriebsfähige Elektrolokomotive dieser Baureihe. Ihr Heimatbetriebswerk ist Leipzig. Mit zahlreichen Aufklebern von Rundfunkanstalten wie zum Beispiel HR, SWF, BR oder der Firma Märklin auf der Seite verziert war sie im Jahr 1995 als Zuglok vor dem Popshow-Train eingesetzt.

Die Werbelokomotiven der Baureihe 110

Diese vierachsige Schnellzuglok wurde ab 1956 für den Schnellzugverkehr der Deutschen Bundesbahn angeschafft. Mit einer Höchstgeschwindigkeit von 140 km/h wurde sie in den sechziger und siebziger Jahren als Zuglok vor Schnellzügen eingesetzt. Heute trifft man diese Baureihe überwiegend noch vor Regional- beziehungsweise Stadt-Expresszügen an. Hierbei werden die Loks von verschiedenen Betriebshöfen auf die Reise geschickt.

Die Seitenflächen bieten keinen großen Werberaum. Somit kann diese Bauart auch nicht als der ideale Werbeträger angesehen werden. „Ein bisschen geht immer", sagte man sich wohl und somit wurden dann dennoch einige Lokomotive dieser Baureihe mit Werbung versehen. Lokomotiven dieser Baureihe 110 des Bahnbetriebswerkes (jetzt Betriebshof genannt) Stuttgart wurden zur Werbewirksamkeit des neuen 3 Löwen-Taktes des Landes Baden-Württemberg mit einem rundem Emblem oder Aufkleber auf ihrer vorderen Seite versehen. In allen Farbvarianten der Baureihe 110 des Bw Stuttgarts kann man diese Werbung antreffen. Hier Lokomotiven dieser Baureihe in allen Farbvarianten stellvertretend für die vielen anderen .

110 228-4 vertritt mit blauer Farbgebung und silbernem Dach die erste Farbvariante dieser Baureihe. Auch sie wurde seitlich mit dem Werbeaufkleber für den 3 Löwen-Takt versehen.

110 195-5 steht als Vertreterin des nächsten Farbkonzeptes der Deutschen Bahn in elfenbein-ozeanblauer Farbausführung auch im Werbe-Einsatz für den 3 Löwen-Takt zur Verfügung.

110 192-2 mit orientroter (rot-weisser) Lackierung. Auch in dieser Farbausführung gibt es Beklebungen für den 3 Löwen-Takt.

110 233-4 in verkehrsroter Farbgebung.

Folgende Lokomotiven der Baureihe 110 wurden mit dem Aufkleber für den Löwen-Takt versehen: 110 165-8, 169-0, 170-8, 171-6, 173-2, 174-0, 175-7, 178-1, 179-9, 180-7, 181-2, 182-3, 183-1, 184-9, 186-4, 187-2, 188-0, 189-8, 190-6, 191-4, 192-2, 195-5, 196-3, 198-9, 199-7, 217-7, 218-5, 219-3, 220-1, 221-9, 223-5, 224-3, 225-0, 226-8, 228-4, 229-2, 230-0, 231-8, 232-6, 233-4, 235-9, 236-7, 237-5, 238-3, 239-1, 240-9, 242-5, 256-5, 282-1, 291-2, 294-6, 304-3, 306-8, 319-1, 388-6, 389-4, 400-9, 408-2, 414-0, 416-5, 418-1, 424-9, 425-6, 426-4, 445-4, 446-2, 472-8, 474-4, 478-5, 482-7, 483-5, 484-3, 494-2, **495-3**, 498-3, 500-6, 502-2, **503-0**, **510-5**. (Bei den fettgedruckten Loknummern, wurde mittlerweile die Werbung entfernt). (Stand: Juni 2002.)

Alle diese Lokomotiven der Baureihe 110 wurden für die Werbewirksamkeit für die Verbesserung des Angebotes im öffentlichen Personennahverkehrs im Bundesland Baden-Württemberg im Bus- und Bahnverkehr mit dem rundem Aufkleber für den 3 Löwen-

Aufkleber für den 3 Löwen-Takt, der seitlich auf den Loks aufgebracht wurde.

110 239-1, versehen mit dem Aufkleber für den 3 Löwen - Takt steht am 10. September im Bw München.

Auf ihrem verwitterten Farbkleid trägt die 110 192-2 am 20. April in Würzburg den 3 Löwen-Takt-Aufkleber.

110 219-3 , bestückt mit einem 3 Löwen-Takt-Aufkleber,m Essener Hauptbahnhof am 5. Oktober 2001.

110 239-8 mit dem 3 Löwen-Takt-Aufkleber. Im Würzburger Hauptbahnhof entstand diese Aufnahme am 15. April 2001.

Takt auf ihrer vorderen Seite versehen. Das löwenstarke Angebot wurde vom Ministerium für Umwelt und Verkehr des Landes Baden-Württemberg gefördert und steht für Ausbau des Schienennetzes, Wiederbelebung von stillgelegten Strecken, eigenen Busspuren und aufeinander abgestimmte Taktfahrpläne im meist stündlichen oder zweistündlichen Takt für Bus und Bahn. Auch mit dem Ausbau des Service-Angebotes und der Anschaffung von Neufahrzeugen geht Baden-Württemberg den richtigen Weg.

110 283-9 des Bahnbetriebwerkes Köln war im Jahr 1989, damals noch mit dem alten blauen DB-Keks und in dem elfenbein-ozeanblauen Farbkleid der Deutschen Bundesbahn, auf der Frontseite der Lokomotive mit dem Aufkleber „WDR-Express 89" verziert.

110 487-6 die sogenannte Maus-Lok, bekannt aus der „Sendung mit der Maus". Im März 1971 war für diese Sendung für große und kleine Zuschauer die Fernsehpremiere. Im Oktober 1984 konnte bereits die 500ste Sendung ausgestrahlt werden und 1996 wurde auf 25 Jahre der Lach- und Sachgeschichten-Sendung mit der Maus zurückgeblickt. Dieser Geburtstag war Anlass, die Elektrolokomotive 110 487-6 und einige Reisezugwagen mit Motiven aus der Sendung zu versehen. So konnte dieser bunte Zug im Februar 1996 vierzehn Tage lang auf seiner Präsentationsfahrt quer durch Deutschland beobachtet werden.

Am 2. März 1996 erreichte der Maus-Zug während seiner zweiwöchigen Vorstellungsfahrt anlässlich von 25 Jahren „Sendung mit der Maus", den Münchener Hbf.

Die Werbelokomotiven der Baureihe 111

Die Baureihe 111 ist eine vierachsige Schnellzuglokomotive der Deutschen Bahn AG. 227 Lokomotiven wurden von dieser Baureihe gebaut und 1974 erstmals ausgeliefert. Am Anfang war sie noch als Nachfolgetyp für die Baureihe 110 gedacht. Mittlerweile versieht sie ihren Dienst vor S-Bahn- und Regionalzügen mit Doppelstockwendezugwagen in ganz Deutschland. Eingesetzt wird sie von verschiedenen Betriebshöfen aus.

Auch hier bieten die Seitenfläche keinen großen Werbeplatz, dennoch gibt es beziehungsweise gab es Lokomotiven des Typs, die als Werbeträger im Einsatz waren.

111 030-3 ist die neuste Werbelokomotive der DB-Regio Südbayern und wird für die Fahrten zum Stella-Musical „Tanz der Vampire" nach Stuttgart eingesetzt. Diese Vampire-Lok entstand in Zusammenarbeit der Deutschen Bahn AG, der ESG, Stella Entertainment und der Modellbaufirma Roco. Bis zum Frühling 2003 soll sie nun mit blauen Wagen der ESG, die extra für dieses Musical stilecht hergerichtet wurden, jeden dritten Sonntag im Monat als Zuglok des Vampire-Express nach Stuttgart eingesetzt werden. In der übrigen Zeit fährt sie planmäßig vor Regionalzügen im südlichen Raum und macht dabei auf dieses Musical aufmerksam. Als Modellbahnlok ist die 111 030-3 bei Roco erhältlich.

Am 11. April 1991 war die Lufthansa-Airport-Expresslok 111 049-3 in Hockenheim im Einsatz.

111 049-3 war für einige Zeit mit einer Sonderlackierung in den weiss-gelben Farben der Lufthansa als Lufthansa-Airport-Express unterwegs. Als Zuglok war sie zwischen dem Flughafen Frankfurt am Main und dem Stuttgarter Hauptbahnhofes ab Mitte des Jahres 1990 unterwegs. Danach konnte man sie eine Zeit lang auch auf anderen Strecken des Schienennetzes der Deutschen Bundesbahn antreffen.

Die zweite und neuste Vertreterin in Sachen Werbelokomotiven ist nach der 111 049-3 nun die Lok mit Biss. Die Lok mit Biss trägt die Betriebsnummer 111 030-3. Sie ist mit Motiven des Kult-Musicals „Tanz der Vampire" von Roman Polanski beklebt worden. Am 9. Mai 2002 war sie im Bahnhof München-Pasing anzutreffen.

Die 120 102-9 ist eine Vertreterin der „Nett hier! Aber waren Sie schon einmal in Baden-Württemberg?"-Werbung. Sie steht am 19. August 2000 mit einem Intercity im Essener Hauptbahnhof.

Mit dem seitlichem Aufkleber von der Eröffnungsfahrt als IR 2186 von Flensburg nach Padborg am 2. Juni 1996 ist 120 109-2 auch heute noch unterwegs. Am 15. Juni 2002 entstand diese Aufnahme im Essener Hauptbahnhof.

Die 120 126-8 besitzt neben ihrem abgesetzten Lätzchen auch die „Nett hier!"-Werbung. Am 25. Februar 2001 steht sie mit einem Interregio vor dem Ausfahrtsignal in Wanne-Eickel Hbf.

Die Werbelokomotiven der Baureihe 120

Bei der Baureihe 120 handelt es sich um eine technisch hochentwickelte, vierachsige Universallokomotive. Von 1987 bis 1989 wurden diese Maschinen in den Betriebsdienst der Deutschen Bahn für den schnellen Personen- und Güterverkehr übernommen. Mit den Betriebsnummern 120 001 bis 120 005 wurden die Vorserienloks bezeichnet. Sie wurden in der rot-beigen Farbgebung ausgeliefert. Die Betriebsnummern der Serienloks dieser Baureihe sind 120 101 bis 120 145. Eingesetzt werden die Maschinen im Intercity- und Interregio-Verkehr. Im Güterverkehr sind die Lokomotiven vornehmlich in der Nacht unterwegs.

Bei herrlichem, winterlichem Wetter konnte am 22. November 1998 die Mickey Mouse-Lok 120 119-3 im Köln-Deutzer Bahnhof mit ihren zahlreichen Motiven abgelichtet werden.

Der größere Teil besitzt auf der Stirnseite zwischen Fenster und Kontrastfläche, auch Lätzchen, genannt, einen roten Streifen. Der kleinere Teil erhielt dagegen nur das größere, durchgehende Lätzchen. Die Seitenfläche bei diesem Loktyp bietet einen recht großen Raum, den man zur Werbung nutzen kann.

Am Anfang wurden die Serienlokomotiven in orient-roter Farbgebung ausgeliefert. Nun findet man auch schon viele Maschinen dieser Baureihe in verkehrsroter Farbgebung.

Bei dieser Baureihe gibt es viele Vertreter, die als Werbeträger unterwegs waren oder sind.

120 002-1 war als Vorserienmaschine seitlich mit einem weißem Streifen verziert und mit der Aufschrift „AEG – Der Umwelt zu liebe innovative Technik" fuhr sie als Teilreklame in den neunziger Jahren durch die Lande.

120 004-7, ebenfalls eine Vorserienmaschine der Baureihe 120, war mit der seitlichen Aufschrift die 1. Hochleistungslok mit Scheibenbremsen und den Emblemen der DB und ABB versehen.

120 102-9 ist die eine Lokomotive dieser Baureihe, die mit der seitlichen Beschriftung und Werbung „Nett hier. Aber waren Sie schon einmal in Baden-Württemberg?" durch die Lande fährt. Durch die Umlackierung in die verkehrsrote Farbgebung der DB verlor sie ihre Werbung im Dezember 2001. Hier die Lokomotiven der Baureihe 120, die mit diesem Werbeschriftzug versehen waren: **120 102-9**, **110-2**, **118-5**, **120-1**, 122-7, **123-5**, **124-3**, **126-8**, **133-4**, **138-3**, 140-9 (bei fettgedruckten Betriebsnummern wurde die Werbung entfernt und in verkehrsrot umlackiert). (Stand: Juni 2002.)

120 109-4 eine mit der ersten Maschinen dieser Baureihe, besitzt heute noch ihren Aufkleber von der Eröffnungsfahrt als Interregio 2186 am 12. Juni 1996 von Hamburg über Flensburg nach Padborg. Erster elektrischer Zug von Deutschland nach Dänemark. „Forste elektriske tog fra Tyskland til Danmark" ist darauf zu lesen. Aber auch sie wird in nächster Zeit ihren Aufkleber durch Umlackierung in verkehrsrot verlieren.

120 119-3 wurde durch die Firma Märklin, der Walt Disney Company und der Deutschen Bahn im Beisein des Geburtstag-Kindes als Höhepunkt der Feierlichkeiten zum 70. Geburtstag von Walt Disneys Mickey Mouse am 18. November 1999 während der Kölner Modellbaumesse als Happy-Birthday-Lok vorgestellt. Das Ablichten dieses Motives ist leider nicht mehr möglich. Seit geraumer Zeit (Mai 2002) wurde die Mickey Mouse-Werbung entfernt. Nun ist sie nach dem neuen verkehrsrotem Farbkonzept der Deutschen Bahn unterwegs und vorne mit einem weissem Kontrastbalken versehen worden.

Auch in Berlin-Wannsee, am 17. Dezember 1996 als Zuglok des IC 808, konnte man die Weihnachtslok 120 129-2 ablichten. Hier entstand diese Detailaufnahme. Foto: Janikowski

Die Beschriftung „Die Bahn verbindet" ist ein Teil der Seitenbeschriftung der 120 139-1. Foto: Janikowski

120 129-2 war die erste vierachsige Universallokomotive der Deutschen Bahn, die als erste Werbelok (auch Kunstlok genannt) die Reisezüge quer durch Deutschland ziehen durfte. In Zusammenarbeit mit Märklin und der Deutschen Bahn wurde am 15. November 1996 die erste Kunstlok der Öffentlichkeit vorgestellt. Diese Elektrolok wurde mit hohem Kostenaufwand als Weihnachtslok vom britischen Künstler Nicolas Price mit Weihnachtsmotiven romantisch gestaltet und war dennoch nur wenige Monate im Einsatz. Der genaue Zeitraum wird von November 1996 bis Januar 1997 angegeben. Heute erinnert nur noch das Modell der Firma Märklin an diese Lok mit den Weihnachtsmotiven.

120 139-1 wurde als zweite Werbelokomotive oder Kunstlok der Baureihe 120 wiederum durch die Firma Märklin und der Deutschen Bahn am 10. Mai 1997 auf dem Göppinger Modellbahntreff vorgestellt. Diese Lok wurde als Eisenbahnvision des hol-

Während einer Betriebsruhe im Münchener Hauptbahnhof konnte die 120 141-7 mit ihrer Dresdener Bank-Werbung und ihren zahlreichen Werbesprüchen in aller Ruhe am 19. September 1997 abgelichtet werden. Foto: Janikowski

ländischen Künstlers Teun Hocks gestaltet. Die Bahn verbindet, Märklin und der DB-Keks befinden sich als Aufschriften auf der Lok. Das Motiv auf den Seitenflächen zeigt einen Mann beim Spielen mit seiner Modelleisenbahn, deren Gleise zur wirklichen Bahn verbinden. War der Einsatz zunächst nur bis zum Herbst 1997 geplant, konnte man sie als Zuglok noch bis Februar 1999 antreffen.

120 141-7 wurde am 3. September 1997 für die Frankfurter Dresdener Bank als Zuglok vor Fernzügen der Deutschen Bahn auf die Reise geschickt. Den weißen Untergrund dieser Lokomotive zierten nun grüne Kreise, die mit den verschiedenartigsten Werbesprüchen dieser Bank versehen war.

120 151-6 war die vierte Werbelok dieser Baureihe und wurde am 15. Dezember 1997 offiziell im Frankfurter Hauptbahnhof vorgestellt. Das ZDF hatte sich die 120 151-6 für ihre Sonderzüge zu Veranstaltungen auserkoren und ließ sie in dunkelblau umlackieren. Das ZDF-Logo und der Spruch „ZDF-Express und mit uns kommen sie in Fahrt", zieren nun die Seitenflächen dieser Lok. Auch heute noch ist die Ellok der Baureihe 120 als ZDF-Express im täglichen Einsatz vor Intercity- oder Interregio-Zügen der Deutschen Bahn AG.

Die ZDF-Express-Lok 120 151-6 hat mit einem Intercity am 17. Mai 1998 den Essener Hauptbahnhof erreicht.

Die Werbelokomotive der Baureihe 127

Die Elektrolokomotiv-Baureihe 127 kann man indirekt als Werbelok in eigener Sache der Herstellerfirmen bezeichnen. Diese Lok wurde 1993 von den Firmen Krauss-Maffei und Siemens als Prototyp auf einige Kosten entwickelt. Hierbei handelt es sich um eine vierachsige Universallokomotive, die mit einem Dienstgewicht von 84 t und einer Leistung von 6.400 KW eine Höchstgeschwindigkeit von 230 km/h erreicht. Aus dieser Bauweise beziehungsweise deren Konstruktion wurden auch andere Baureihen abgeleitet und Maschinen dieses Bautyps sind sogar von anderen Bahngesellschaften aus dem Ausland angeschafft und in Dienst gestellt worden.

127 001-6 Unter dieser Baureihennummer wurde die Lok bei der Deutschen Bahn AG eingereiht und von München aus für zahlreiche Testfahrten eingesetzt. Am 6. August 1993 stellte sie einen Geschwindigkeitsrekord von 310 km/h auf der Neubaustrecke zwischen Fulda und Würzburg auf.

Auch heute trifft man diesen Prototypen auf den Gleisen der Deutschen Bahn AG an, mittlerweile trägt diese Lok neben ihrer alten DB-Baureihennummer auch ihre neue, aktuelle Baureihenbezeichnung ES 64 P-001. In ihrer einzigartigen Farbgebung mit einem grauen Aufbau, orientroten Führerständen, silbernen Seitenflächen und mit einem quadratischen Lätzchen, auch Kontrastfläche genannt, auf den Stirnseiten kann man diese Lok sofort erkennen. Auf den Gleisen der Deutschen Bahn AG kann man diesen Sonderling bei Erprobungsfahrten, vor schweren Güterzügen oder sogar vor schnellen Reisezügen antreffen.

Der Eurosprinter 127 001-6 während einer Messfahrt am 27. Februar 1997 im Bahnhof München-Pasing.

Foto: Janikowski

Die Lok 128 001-5, auch als 12 X bekannt, am 21. April 1995 bei Velten. Foto: Geißler

Die Werbelokomotive der Baureihe 128

Von der Herstellerfirma AEG-Schienenfahrzeuge, der heutigen Firma Bombardier, wurde diese vierachsige Universallokomotive gebaut und 1994 der Öffentlichkeit vorgestellt. Die 128 001 hat ein Gewicht von 84 t, erbringt 6.400 KW und erreicht eine Höchstgeschwindigkeit von 220 km/h. Nach ihrer Vorstellung wurde diese Lokomotive für zahlreiche Testfahrten von der Deutschen Bahn AG eingesetzt und unter der Baureihenbezeichnung 128 001-5 als Leihlok im Betriebshof Berlin-Hbf buchmäßig geführt.

128 001-5 gilt im Grunde als erste Werbe-lokomotive der Deutschen Bahn, die nach schweizerischem Vorbild 1996 zum 50-jährigem Jubiläum der Unicef, dem Hilfswerk der Vereinten Nationen, geschaffen wurde. Bei dieser Lok handelt es sich um eine vierachsige Baumusterlok, die 1994 von AEG entwickelt und als Leihlok in den Bestand der Deutschen Bahn AG aufgenommen wurde.

Auf weißer Lackierung befanden sich die Schriftzüge „Für die Kinder der Welt" und „50 Jahre Unicef". Außerdem waren mehrere Kinder abgebildet.

140 816-0 besaß vorne zwei kleine und seitlich große Aufkleber mit dem Hinweis auf MüGa-Wiesel.

Hier die 128 001-5 mit der Unicef-Werbung anlässlich der 50-Jahr-Feier dieser Gesellschaft bei der Firma ADtranz.

Die Werbelokomotiven der Baureihe 140

Für den mittelschweren Güterzugeinsatz wurde diese vierachsige Mehrzwecklokomotive von der Deutschen Bundesbahn angeschafft. Mit einem Gewicht von 83 t, einer Leistung von 3700 KW und einer Höchstgeschwindigkeit von 110 km/h kann sie überwiegend im Güterzugverkehr aber auch im Reisezugverkehr angetroffen werden. Die Auslieferung der 848 gebauten Maschinen dieser Baureihe erstreckte sich dabei von 1956 bis ins Jahr 1973 hinein. Mittlerweile ist der Bestand dieser Lokbaureihe durch Ausmusterung und Verschrottung zurückgegangen.

140 816-0 ist eine Vertreterin der Baureihe 140, die als Werbelok in Sachen Landesgartenschau in Mülheim eingesetzt war. Mit der Beklebung „MüGa-Wiesel" war sie 1992 mit einigen Wagen, die ebenfalls diese Beschriftung trugen, im Pendelzug-Betrieb zwischen Mülheim-Hauptbahnhof und dem Ausstellungsgelände der Landesgartenschau in Mülheim auf Fahrt. Für diesen Halt wurde eigens ein Behelfsbahnsteig eingerichtet.

Die Werbelokomotiven der Baureihe 143

Die erste vierachsige Mehrzweck-Ellok-Baureihe mit Einholm-Stromabnehmern wurde bei der Deutschen Reichsbahn als „Mädchen für alles" eingesetzt. Mit Lücken reichen ihre Betriebsnummern von 143 001 bis 143 868. Die Herstellerfirma LEW Henningsdorf lieferte insgesamt 646 Maschinen dieser Baureihen in den Jahren 1984 bis 1990 an die Deutsche Reichsbahn unter der damaligen Baureihenbezeichnung 243. Nach der Wiedervereinigung wurden sie dem Nummernschema der Deutschen Bahn AG angepasst und werden nun unter der

Am 18. März 1995 war die weiße Lady in Lübbenau mit ihrer Zuggarnitur unterwegs. Foto: Geißler

Bei dieser Aufnahme ist von der AEG-Beschriftung nicht mehr viel zusehen. Mittlerweile ziert nun vorne ein grüner Punkt und ein ADtranz-Aufkleber die weiße Lady. Im Ruhrgebiet war sie im Jahre 2000 zeitweilig auch im Güterzugeinsatz anzutreffen. Diese Aufnahme entstand im Juli 2000 in Castrop-Rauxel.

Baureihenbezeichnung 143 geführt. Mit einem Gewicht von etwa 82 t, einer Leistung von 3.720 KW und mit einer Höchstgeschwindigkeit von 120 km/h ist sie heute überwiegend im S-Bahn-, Interregio- und gelegentlich auch im Güterzugverkehr vor Zügen der Deutschen Bahn AG anzutreffen.

143 001-6 ist ein Sonderling bei dieser Baureihe. Neben den mittlerweile in allen Farbvarianten verkehrenden Maschinen dieses Bautyps mit der Auslieferungsfarbgebung bordeauxrot, der S-Bahnfarbe orange-weiss, orientrot mit Lätzchen und verkehrsrot mit weißem Balken, ist sie die einzige Maschine in weissem Farbton. Aufgrund dessen wird sie auch die weiße Lady genannt und ist Eigentum der Herstellerfirma ADtranz. Auf den Seitenflächen wurde in großen roten Buchstaben die Beschriftung AEG aufgebracht. Diese stehen für AEG-Schienenfahrzeuge der ehemaligen Firma ADtranz. Mit den Jahren sind nun diese Buchstaben etwas verwittert und ihrem Fenster am Führerhaus wurde ein grüner Punkt und eine ADtranz-Beschriftung angebracht. In dieser Form ist die 143 001 immer noch auf unseren Gleisen anzutreffen.

Einige andere Lokomotiven dieser Baureihe 143 wurden auch mit einer Werbung versehen. Sie tragen eine Teilreklame, den schon von der Baureihe 110 bekannten runden Aufkleber „3 Löwen-Takt" unterhalb des Führerstandsfenster. In allen Farbvarianten der Baureihe 143 kann man diese Werbung antreffen. Folgende Lokomotiven der Baureihe 143 sind mit dem Aufkleber „3 Löwen-Takt" versehen worden: 143 035-4, 057-8, 091-7, 114-7, 128-7, 129-5, 163-4, 207-9, 216-0, **255-8**, 276-4, **315-0**, 318-4, 341-6, 362-2, 555-1, 627-8, 633-6, 650-0, 655-9, 839-9, 900-9, 962-9, 963-7, 965-2 (bei den fett gedruckten Betriebsnummern wurde die Werbung mittlerweile entfernt). (Stand: Juni 2002.)

Hier Lokomotiven dieser Baureihe in allen Farbvarianten, stellvertretend für die vielen anderen .

143 965-3 noch in der Auslieferungsfarbgebung bordeauxrot, wurde ebenfalls mit dieser Werbung beklebt.

Die 143 965-2 mit der 3 Löwen-Takt-Werbung am 1. Oktober 2000 in Kaiserslautern.

Die 143 315-0 mit der 3 Löwen-Takt-Werbung am 3. Oktober 2000 in Ludwigshafen.

Die 143 839-9 mit der 3 Löwen-Takt-Werbung am 1. Oktober 2000 in Kaiserslautern.

143 315-0 gehörte auch zu den Maschinen, die in orientroter Farbgebung zu Werbezwecken eingesetzt wurden. Mittlerweile wurden diese Aufkleber entfernt.

143 839-9 hier als Vertreterin mit dem 3 Löwen-Takt-Aufkleber in der neuen verkehrsroten Farbgebung der Deutschen Bahn AG.

Die Werbelokomotiven der Baureihe 145

Die Baureihe 145, eine vierachsige Mehrzwecklokomotive, wurde vom Hersteller ADtranz in den Werken Henningsdorf und Kassel in einer Stückzahl von 80 Maschinen mit den Betriebsummern 145 001-145 080 in den Jahren 1997 bis 2000 für den leichten bis mittelschweren Güterzugdienst sowie für den Regionalverkehr gebaut.

Alle Maschinen dieses Bautyps sind in verkehrsroter Farbgebung und mit dem weißem Querbalken der Kontrastfläche ausgeliefert worden. Diese Maschinen besitzen ein Gewicht von etwa 80 t, erbringen eine Dauerleistung von 4.200 KW und erreichen eine Höchstgeschwindigkeit von 140 km/h. Einige Maschinen wurden mit einem Nahverkehrspaket (145 031 bis 145 050) während der EXPO in Hannover eingesetzt.

Es gab bei dieser Baureihe auch noch zwei Lokomotiven, die mit Werbeaufschriften ab Mitte 1999 auf der linken Rheinseite probeweise im Regionalverkehr eingesetzt worden sind.

145 018-8 und 145 019-6 wurden 1999 mit einer Teilreklame auf der Seitenfläche ausgestattet. Der Rheinland-Pfalz-Takt, der Slogan „umweltfreundlich, energiesparend, leistungsstark", das RP-Takt-Logo und das Wappen des Landes Rheinland-Pfalz unter dem Führerstandsfenster zierten diese beiden Loks der Baureihe 145. Die Maschinen wurden eigens für diesen Einsatz auf der Strecke Mannheim-Koblenz mit dem Nahverkehrspaket wie Wendezugsteuerung, Zugzielanzeige und Türblockierung ausgestattet.

Die Werbelokomotiven der Baureihe 146

Die Firma ADtranz baute ab 2000 für den Geschäftsbereich DB-Regio der Deutschen Bahn AG die E-Lok-Baureihe 146, die gegenüber der Baureihe 145 nur leichte technische Unterschiede aufweist und neben der Änderung des Antriebes der Kraftübertragung vom Tatzlagerantrieb auf Hohlwelle technisch fast baugleich sind.

Ausgestattet werden diese Maschinen für ihren Einsatz im Regionalverkehr auch mit dem Nahverkehrspaket, wobei gegenüber der Baureihe 145 der Zugzielanzeiger oberhalb der Frontscheibe angebracht wird. Die Höchstgeschwindigkeit wird mit 160 km/h und die Leistung mit 4.200 KW angegeben. Ihre

Für den Rheinland-Pfalz-Takt ist hier 145 018-8 als Werbelok am 29. August 1999 in Mannheim eingesetzt.

Auch die Schwesterlok 145 019-6 ist in Sachen Rheinland-Pfalz-Takt am 22. August 1999 im Bahnhof Koblenz.

Die 146 001-3 mit der Werbung für den Rheinland-Pfalz-Takt am 22. Juni 2002 in Mannheim.

Beim Brückenfest in Solingen-Ohligs wurde neben anderen DB-Fahrzeugen auch die 146 008-8 ausgestellt.

jetzigen Heimatbetriebshöfe sind für die Lokomotiven 146 001 bis 146 007 der Bh Ludwigshafen und für die folgenden Maschinen der Bh Dortmund. Weitere Maschinen dieser Baureihe sind montan in der Auslieferung.

146 001-3 trägt nun die ehemalige Werbung der Baureihe 145 und wirbt für den Rheinland-Pfalz-Takt. Für den Einsatz vor Doppelstockzügen auf der Strecke Mannheim-Koblenz wurde die Anschaffung der Lokomotiven 146 001 bis 146 007 durch das Land Rheinland-Pfalz finanziell unterstützt. Unterhalb des Führerstandsfenster befindet sich das Wappen des Landes Rheinland-Pfalz.

Mit dem Rheinpfalz-Takt-Aufkleber auf der Seitenfläche werben neben der 146 001 auch ihre Schwestermaschinen 146 002 bis 146 007 des Betriebshofes Ludwigshafen.

146 008-8 wurde am Bahntag im Essener Hauptbahnhof während einer kleiner Fahrzeugschau als erste Lok der Baureihe 146 für den NRW-Express auf der Strecke Aachen-Dortmund-Bielefeld mit dem Aufdruck „Mehr Kraft! Mehr Leistung! Mehr Pünktlichkeit!" vorgestellt. Desweiteren ist sie mit einem NRW-Wappen unter dem Führerstandsfenster und einer Zugzielanzeige oberhalb der Frontscheibe versehen. Mittlerweise ist die 146 008-8 bereits wieder ohne diesen Werbeaufdruck im Plandienst im täglichem Einsatz auf der Strecke als RE 1 von Aachen über Essen-Dortmund nach Bielefeld anzutreffen.

Für die vorgesehenen Triebfahrzeuge der Baureihe 146 008-146 031, mit dem Heimatbetriebshof Dortmund, wurden dem Beispiel des Bundeslandes Rheinland-Pfalz folgend für die Anschaffung finanzielle Mittel durch das Land Nordrhein-Westfalen gewährt.

Die Werbelokomotiven der Baureihe 152

Bei der Elektrolokomotive der Baureihe 152 handelt es sich um eine leistungsstarke, vierachsige Güterzuglok der Deutschen Bahn AG. Basierend auf dem Konzept des Prototypen Eurosprinter mit der Baureihennummer 127 wurden die Maschinen durch die Kooperation der beiden Herstellerfirmen Krauss-Maffei und Siemens AG entwickelt und gebaut. Ein erstes Exemplar dieses Bautyps konnte im Dezember 1996 mit der E-Lok 152 001-4 in München vorgestellt und begutachtet werden. Von den zuerst geplanten 195 Maschinen dieser Baureihe wurden zwischen 1996 und 2001 nur 170 Maschinen gefertigt und konnten an den Geschäftsbereich DB-Cargo übergeben werden. Durch diese Maschinen wurde der zunehmende Bedarf nach neuen leistungsstarken Güterzuglokomotiven bei der Deutschen Bahn AG gedeckt. Sie ersetzen nun nach und nach die in die Jahre gekommenen Baureihen 150 und 151. Bedingt durch ihre gewaltige Anzugskraft von maximal 300 KN finden diese Elektroloks ihr Einsatzgebiet im schweren Güterzugdienst und erreichen bei einer Leistung von 6.400 KW eine Höchstgeschwindigkeit von 140 bzw. 160 km/h. Alle Lokomotiven wurden in verkehrsroter Farbgebung ausgeliefert und dem Betriebshof Nürnberg-Rbf zugeteilt. Neben einer seitlichen Beschriftung mit Railion und DB-Cargo gibt es bei der Baureihe mittlerweile auch einige Vertreterinnen, die mit Werbefolien überzogen worden sind.

152 001-4 wurde als erstes Exemplar dieses Bautyps am 10. Dezember 1996 der Öffentlichkeit vorgestellt und versah ihr Dienst im verkehrsroten Farbkleid bis zum Mai 1999. Dann sollte sie als Werbelok vor Güterzügen der DB-AG eingesetzt wer-

Für die beiden Jubiläen vom DB-Museum und dem Märklin-Museum steht 152 001-4 im Juli 199 im Bahnhof Bebra.

Mit einer Güterzugleistung verlässt die Porsche-Werbelok 152 041-4 gerade den Güterbahnhof Bebra.

Die Siemens-Werbelok 152 073-3 am 27. April 2002 im Bahnhof München-Ost. Foto: Karell

Mit einem Güterzug durchfährt gerade die Siemens-Werbelok 152 084-0 den Bahnhof Leer. Foto: John

den. Der Anlass für den Einsatz als Werbelok waren zwei runde Geburtstage, die 100-jährigen vom Märklin-Museum in Göppingen und dem DB-Museum in Nürnberg.

152 001-4 wurde erste Vertreterin ihrer Baureihe in Sachen Werbelok und als Märklin Werbelok beziehungsweise Kunstlok auf dem Göppinger Modellbahntreff 1999 enthüllt und war mit dieser Werbung bis zum Dezember 2000 unterwegs. Nun kann sie nur noch als HO-Modell von Märklin ihre Runden auf den Gleisen in der Modellbahnwelt drehen. In der realen Welt ist sie wieder in verkehrsroter Farbgebung unterwegs.

152 041-0 wurde als zweite Werbeträgerin der Baureihe 152 auserkoren und wirbt nun seit Februar 2001 in einer komplett silbergrauen Farbgebung und dem seitlichen Schriftzug „Porsche“.

152 073-3 zählt zu den ersten der drei Lokomotiven dieser Baureihe, die als Werbeträger für Siemens mit einer Komplett-Beschriftung für die Bahn-Automatisierung in einer sehr angenehmen Aufmachung unterwegs ist. Auf blauem Farbuntergrund steht der Slogan: „Efficiert railsystems Bahnautomatisierung für schnelleres Reisen Siemens“ Unter „www. siemens.com/ts/bahnautomatisierung“ kann jeder Interessierte im Internet mehr erfahren.

152 084-0 ist neben ihren beiden anderen Schwestermaschinen die dritte Werbelokomotive von Siemens, die als Werbeträger für die Bahn-Automatisierung fährt.

152 086-5 (siehe 152 084-0)

Die Werbelokomotiven der Baureihe 180

Diese Elektrolok der Baureihe 180 wurde für den Einsatz im Reisezugverkehr auf der Strecke Berlin-Dresden-Decin ins Nachbarland Tschechoslowakei für die Deutsche Reichsbahn gebaut. Hierbei handelt es sich um eine vierachsige Zweisystem-Lokomotive, die eine Höchstgeschwindigkeit von 120 km/h erreicht.

180 002-8 machte Werbung für die Firma Piko. Weitere Angaben sind uns nicht bekannt.

Auch ehemalige Elektrolokomotiven der Deutschen Reichsbahn wurden mit Werbung versehen. Hier die Lok 180 002-8 mit der PIKO-Werbung vor dem Olympia-Zug am 4. August 1996 in Berlin-Hauptbahnhof.

Während ihrer Vorstellungstour erreichte E 94 056 mit dem Olympia-Ausstellungszug auch den Essener Hauptbahnhof. Hier eine Aufnahme vom 12. Juli 1996.

Die Werbelokomotiven der Baureihe 194

E 94 056 war als Werbeträger und Zuglokomotive für den Olympia-Express mit seinem Ausstellungszug auf der Vorstellungsfahrt anlässlich der Ausstellung „100 Jahre Olympia von 1896 bis 1996" auf mehreren Bahnhöfen in Deutschland anzutreffen.

Die Werbelokomotiven der Baureihe 218

Auch unter den Diesellokomotiven gibt es Vertreter die man als Werbelok bezeichnen kann, hier handelt es sich um die vierachsige Diesellokbauart 218. Sie hat ein Gewicht von etwa 79 t und erreicht eine Höchstgeschwindigkeit von 140 km/h.

218 416-6 und ihre Schwesterlok 218 418-2 wurden 1995 umlackiert, um sie als Zuglok vor dem Touristik-Zug auf den nicht elektrifizierten Strecken der Deutschen Bahn einsetzen zu können. Sie hat ihre Sonderlackierung verloren und trägt bereits seit November 2000 das neue, verkehrsrote Farbkleid der Deutschen Bahn AG.

218 473-7 Neben diesen obengenannten Maschinen gibt es noch eine weitere Vertreterin bei der Baureihe 218. Es handelt sich hierbei um die Werbelok 218 473-7, die für die DB-Regio Südbayern vom Betriebshof Kempten aus eingesetzt wird. Als Zuglok kommt diese Maschine nun zum König Ludwig-Musical nach Füssen zum Einsatz. Zu diesem Zweck wurde sie kurzer Hand umlackiert und trägt jetzt das blaue Farbkleid der ESG-Augsburg und vorne am Führerstand Motive vom Schloß Neuschwanstein und von König Ludwig dem II. Die ESG Augsburg, die DB Regio und die Modellbaufirma Märklin sorgten dafür, dass dieses Projekt umgesetzt werden konnte.

Im warmen Sommerlicht ruht sich hier die 218 418-2 im Bahnhof von Bayreuth am 28. September 1997 aus.

Beide Maschinen der Baureihe 218 mit den Betriebsnummern 218 416-6 und 218 418-2 mit ihrer Sonderlackierung waren als Zuglok vor einem Sonderzug nach Halberstadt am 10. März 1996 eingesetzt.

Hier hat 218 473-7 am 13. März 2002 mit dem RE 21 204 am Haken den Bahnhof München-Pasing erreicht.

Die Werbelokomotiven der Baureihe 232

Diese schwere dieselelektrische, sechsachsige Diesellok wurde von 1973 bis in das Jahr 1982 für die Deutsche Reichsbahn gebaut und war für den Betriebseinsatz im Güter- und Reisezugverkehr bestimmt. Mit einem Gewicht von 122 t, einer Leistung von 2200 KW und einer Höchstgeschwindigkeit von 120 Km/h ist sie in ganz Deutschland anzutreffen.

232 205-5 ist gewissermaßen auch als Werbelok im weiteren Sinne anzusehen. In der verkehrsroten Farbgebung der DB-AG und mit einem Kontrastbalken versehen, in dem heute noch „Wetten dass" steht, erinnert die Beschriftung an die Teilnahme bei der gleichnamigen Fernsehsendung.

Die Werbelokomotive der Baureihe 760

Bei der dreiachsigen Diesellok handelt es sich um eine Rangierlok der mittleren Leistungsklasse. Sie hat eine Motorleistung von 478 KW und erreicht eine Höchstgeschwindigkeit von 60 km/h. Als Diesellokbaureihe V 60 wurde sie zwischen 1955 und 1961 in den Dienst gestellt. Nach Umzeichnung in Baureihe 260, dann in Baureihe 360, trägt sie nun nach Umbau zur Erdgaslok die Betriebsnummer 760 877-1.

760 877-1 ist ein Sonderling in den Reihen der Diesellokomotiv-Baureihen. Nicht nur wegen ihrer hohen Betriebsnummer ist die ehemalige 360 877-5 (V 60 der Deutschen Bundesbahn) ein Einzelgänger, sondern auch aufgrund ihrer neuen Antriebstechnik ist sie ein Erprobungsträger des Forschungs- und Technologiezentrums in München. Seit Oktober 2001 wird die 760 877-1 nicht mehr mit Diesel angetrieben, sondern mit Erdgas. Durch diesen neuen Antrieb

Die Diesellok 218 473-7 ist als Zuglok für das Musical König Ludwig II. vorgesehen.

ist sie nicht nur umweltfreundlicher, sondern auch wesentlich leiser als andere Diesellokomotiven ihrer ehemaligen Baureihe. Auch ihre Seitenlackierung ist anders gestaltet, dort betreibt sie auf der Seite Werbung für diese neue Technik: „Mit Erdgas sauber und leise … ein Forschungsprojekt der Deutschen Bahn AG".

Auf ihren Einsatz bei der Fernsehsendung „Wetten, dass…?" weist noch immer die Beschriftung auf der Kontrastfläche der Diesellok 232 205-5 hin. Im weitesten Sinne ist sie dadurch auch eine Werbelok für die Sendung „Wetten, dass…?"

Elektrolokomotiv-baureihe E 03/103

Die erste Schnellfahr-Ellok der DB fährt aufs Abstellgleis

von Joachim Janikowski und Wolfgang Schmidt

Es ist mal wieder soweit auf dem ständig wechselnden Bahnsektor. Die Eisenbahnfreunde müssen, wie schon öfters, von einer klassischen Lokomotiv-Baureihe Abschied nehmen. Im Gegensatz zu früheren Jahren, wo man jedem Ausscheiden einer bestimmten Dampflokbaureihe nachweinte, hat sich die Zeit und die Generation geändert. Heute gilt es auch schon mal den „modernen" Elektrolokomotiven. Jetzt ist es die Baureihe 103, die 1965 als E 03 dem Bahnreisenden das Schnellfahrzeitalter brachte. Neben ihrer völlig neuen, eleganten Form in den damaligen TEE-Farben Rot und Beige sowie der neuen Technik erreichte die E 03 als erste Ellok-Baureihe eine planmäßige Höchstgeschwindigkeit von 200 km/h, wenngleich man noch einige Jahre auf den Schnellverkehr warten musste.

Warten heißt es heute wieder – zum Glück der Eisenbahnfreunde – allerdings diesmal auf das schon länger angekündigte Ausscheiden dieser klassischen Lok der Baureihe E 03.

Die Bahn AG plante für Ende 2000 das Aus, was jedoch nicht durchführbar war. Mehrere Faktoren, wie z.B. der Mehrverkehr in Ost-West-Richtung nach der Wende sowie immer wieder auftretende Schäden an den Neubauloks, machen bis heute die 103er unverzichtbar, so dass Mitte 2002 noch etwa 30 bis 40 Exemplare dieser edlen Renner im Bestand der Deutschen Bahn AG sind. Und diese werden vom Personal gehegt und gepflegt. Laut Aussage eines Lokleiters besteht ein regelrechter Kult um die vorhandenen 103er. Es gibt heute noch Lokführer, gerade jüngere, die viel für eine Prüfung auf dieser Lokbaureihe geben würden.

Trotzdem heißt es für den Lok-Fotografen höchste Eisenbahn, wenn er Maschinen dieser Baureihe im täglichen Einsatz vor Planzügen erwischen will. Plötzlich könnte es zu spät sein. Noch gibt es einen Umlaufplan quer durch Deutschland, der selbst Intercity-Leistungen vorsieht. Die restlichen Maschinen werden meist „wild" oder vor Sonderzügen eingesetzt. Für Ausfälle von anderen Planloks werden außerdem auf größeren Bahnhöfen Reserveloks aus dem Bestand der 103er vorgehalten, die bei Bedarf sofort einspringen können, sofern auch Personal vorhanden ist.

Begonnen hat die ganze Entwicklung, wie so oft bei den Eisenbahnen, Jahre zuvor, wenn nicht Jahrzehnte, die zu einem planmäßigen Schnellverkehr mit der 103 führten. Bereits bei der Deutschen Reichsbahn erreichte man vor dem Krieg diese Geschwindigkeit, aber wie auch auf anderen Gebieten, begann 1945 alles wieder bei der „Stunde Null". Während jetzt durch die deutsche Teilung zwei Bahnen entstanden, hieß es zunächst bei beiden Wiederherstellung des normalen Fahrbetriebes. Im Westteil – bei

Die erste Lok der Baureihe (BR) E 03, die E 03 001 vom Bahnbetriebswerk (Bw) München Hbf stellt sich kurz nach Indienststellung im Sommer 1965 im Bahnhof Gemünden (Main) dem Fotografen. Foto: DB

Anlässlich der 150 Jahre Deutsche Eisenbahn präsentierte sich im Bahnhofsbereich in Osnabrück die Elektrolok 103 001-4, die ehemalige E 03 001, während einer Fahrzeugausstellung den vielen Besuchern.

Die zweite E 03 als 103 002 bei einer Ausstellung in der Versuchsanstalt München-Freimann am 25. Juni 1982.

Die 103 003-0 mit ihrem rot-beigen Farbkleid steht hier mit einem Messwagen im Bahnbetriebswerk Dortmund und wartet auf neue Einsätze. Nach Umbezeichnung in 750 002-8 und Einsätzen unter dieser Betriebsnummer ist sie im März 1990 im Ausbesserungswerk Opladen verschrottet worden.

der Deutschen Bundesbahn (DB) – plante man Anfang der fünfziger Jahre ein elektrisches Streckennetz von etwa 6 000 km, was einen Bedarf von rund 1 600 elektrischen Lokomotiven nach sich zog.

Das Eisenbahnzentralamt (EZA) München entwickelte bis Ende 1950 eine neue Lok-Bauart, die späteren Einheitslokomotiven der Baureihen E 10, E 40, E 41 und E 50, von denen die ersten Prototypen bis 1953 ausgeliefert und anschließend in großen Stückzahlen beschafft wurden. Nach dem Zusammenschluss einiger europäischer Länder wurde im Jahr 1957 der TEE-Verkehr eingeführt, der schnell und bequem die großen europäischen Städte verbinden sollte. Bei der DB legte man sich zunächst auf den Dieseltriebwagen der Baureihe VT 11 fest, der zwar in den folgenden Jahren das Flaggschiff wurde. Doch wie auch bei anderen Bahnverwaltungen ging man nach und nach zu lokbespannten Zügen über, wofür jedoch bei der DB eine Lok für Geschwindigkeiten bis zu 200 km/h, die man zunächst im europäischen Netz anstrebte, fehlte. Erfolgreiche Versuche mit den dafür umgebauten E 10 299 und 300 zwischen Bamberg und Forchheim ließen bei Henschel Entwürfe für eine Schnellfahrlok der Baureihe E 03 entstehen. Am 7. Dezember 1962 vergab das Bundesbahnzentralamt (BZA) München im Namen der DB an die Firmen Henschel und Siemens den Entwicklungsauftrag. Man hatte auch gleich seitens der Bahn ein Ziel, denn 1965 richtete die Bundesrepublik Deutschland die erste Internationale Verkehrs-Ausstellung in München aus. Hier sollten die ersten vier Baumusterloks zwischen München und Augsburg mit Fahrgästen erstmalig im Zeitalter der DB eine Geschwindigkeit von 200 km/h erreichen. Dieses Ziel wurde dann auch erreicht!

Es entstanden in den folgenden knapp drei Jahren die Vorserienloks der Baureihe E 03 001-004 mit der Achsfolge Co' Co', die sich unter allen Kriterien einer Schnellfahrlok in Form und Technik von den bisher verkehrenden Einheitsloks unterschieden. Besonders die Gestaltung der Stirnfront wurde von der Technischen Hochschule Hannover in vielen Versuchen getestet, galt es doch bei hohen Geschwindigkeiten so wenig wie möglich Luftwiderstände zu erzeugen. Es entstand die für die 103 so charakteristische runde Kopfform, die übergangslos in die Seitenfronten einflossen. Außerdem mussten einige Profilmaße im oberen Teil berücksichtigt werden, da im grenzüberschreitenden Verkehr nach Österreich und der Schweiz andere Maße vorgeschrieben waren. Eine heruntergezogene Schürze verkleidete die Puffer. Diese wurden allerdings später wieder entfernt, da im Winter starke Eisbildung die nachfolgenden Wagen gefährdete.

Die technischen Daten können wir einem damals erschienenen Prospekt der Hersteller entnehmen, der mit etwas Stolz „Die neue Lokomotive E 03 der Deutschen Bundesbahn für 200 km/h" vorstellte.

Zwischen anderen Loks der DB und der ÖBB verlässt die Vorserienlok 103 004 im Jahre 1969 mit einem F-Zug den Bf. München-Hbf.

Technische Daten:

Achsanordnung	Co' Co'
Spurweite	1435 mm
Höchstgeschwindigkeit	200 km/h
Fahrdrahtspannung	15 KV
Stromart	16 2/3 Hz Einphasenwechselstrom
Motoren	6 vollabgefederte Einphasen-Kommutatormotoren WB 368-17
Kraftübertragung	Verzweigerantrieb bzw. Gummiringkardanantrieb
Steuerung	Motorisch angetriebenes 39-stufiges Hochspannungsschaltwerk mit Thyristor-Lastschalter
Elektrische Bremse	Fremderregte Fahrdraht – unabhängige Widerstandsbremse
Größte Höhe am Dachscheitel	3860 mm
Treibraddurchmesser (neu)	1250 mm
Übersetzung	1: 1,74
Länge über Puffer	19500 mm
Drehgestell-Mittenabstand	9600 mm
Radstand im Drehgestell	2250 mm
Stundenleistung nach CEI bzw. VDE 0535	6200 kW
Geschwindigkeit bei Stundenleistung	193 km/h
Zugkraft bei Stundenleistung	11800 kp
Dauerleistung	5950 KW
Geschwindigkeit	200 km/h
Zugkraft bei Dauerleistung	10900 kp
Größte Anfahrzugkraft	32000 kp
Dauerleistung des Transformators	4750 KVA
Dauerleistung der elektrischen Bremse	4800 kW
Dienstgewicht	110 t

Mit diesen Daten wurde die zukünftige E 03 zur stärksten Elektrolokomotive der Deutschen Bundesbahn, lagen doch die Leistungen erheblich über denen der bisherigen Schnellzugloks der Baureihe E 10, der heutigen 110.

Um durch Versuche bei allen vier Vorserienloks Erfahrungen für die geplante Serienausführung zu sammeln, erhielten sie unterschiedliche Antriebe: die E 03 001 und 004 den Henschel-Verzweigerantrieb, die E 03 002 und 003 den SSW-Gummiring-Kardanantrieb, für den man sich letztendlich bei den Serienmaschinen entschied.

Doch zunächst galt es, für die geplanten Schnellfahrten zur Internationalen-Verkehrs-Ausstellung (IVA) in München sicherheitstechnische Einrichtungen zu installieren, die für eine Geschwindigkeit über 160 km/h nötig waren. So bekamen die E 03 unabhängig voneinander wirkenden Bremseinrichtungen, einschließlich einer Magnetschienen-Bremse. Ebenfalls war für Schnellfahrten eine dafür neu entwickelte Linien-Zug-Beeinflussung (LZB) vorgeschrieben,

Die ab 1970 ausgelieferte Serienausführung der BR 103, wie sie jetzt computergerecht bezeichnet wurde, erhielt die Seriennummer nicht ab 005 sondern fortlaufend ab 101. Interessant ist, dass nicht die 103 101, sondern die 103 109 als erste Maschine ausgeliefert wurde. Gegenüber der Vorserienlok wurden kleine äußerliche Änderungen vorgenommen. So fehlt der silberne Zierstreifen zwischen Rahmen und Aufbau, der jetzt nur in Rot die Frontseiten bis zur Einstiegstür etwas absetzt. Außerdem gibt es keine Dachkante mehr, das Beige wurde bis zum Dachaufbau hochgezogen. Hier wartet 103 101 am 25. Februar1990 in München-Hbf mit einem Intercity auf den Abfahrauftrag.

Nachdem die 103 101 ab Mai 1991 für zwei Jahre in Gelb/Lichtgrau als Lok für den Lufthansa-Express lief, erhielt sie den ab 1987 aktuellen orientroten Anstrich, auch neurot mit Lätzchen genannt. Neu ist auch der neue DB-Keks, den die Loks seit 1994 tragen. Am 13. Mai 2000 sehen wir sie mit einem Nachtzug im Essener Hauptbahnhof. Zwei Jahre später wird sie Museumslok in Darmstadt-Kranichstein, leider nicht betriebsfähig.

Mit dem IC 725 ist am 24. Februar 1990 die 103 104-6 des Bahnbetriebwerkes Frankfurt/Main in München Hbf unterwegs in Richtung Norden. Sie wurde im November 1999 bei der Fa. Bender verschrottet.

Die Lok 103 105-3 hat am 29. September 1997 den Essener Hauptbahnhof erreicht. Im Jahre 2000 ist sie bei der Firma Bender verschrottet worden.

Die erste ausgelieferte Serienlok der Baureihe 103 war die 103 109, hier bei km 38,0 in der Nähe von Haspelmoor auf der Strecke München – Augsburg mit einem IC am 24. April 1995. Seit der Inbetriebnahme hat sie ihre Schürze verloren, wie ab 1981 nach und nach alle 103er. Auch den durchgehenden Zierstreifen zwischen Rahmen und Aufbau sowie den spitz zulaufenden Untergrund der Lüfter, was nur die 103 109 hatte, gibt es an ihr nicht mehr.

die das noch heute gültige Signalsystem (Vor-/Hauptsignal) ergänzt, ablöst bzw. ersetzt. Mittels eines Linienleiterkabels im Gleis werden hierbei dem Lokführer über einen Monitor am Fahrpult alle für die sichere Fahrt notwendigen Daten und Signalstellungen bis zu sieben Kilometer im voraus übermittelt, verlängert sich doch bei Geschwindigkeiten über 160 km/h der übliche Bremsweg zwischen Vor- und Hauptsignal von etwa 1000 m. Auch eine Automatische Fahr- und Bremssteuerung (AFB) wurde entwickelt, die es erlaubte mittels LZB automatisch zu fahren und zu bremsen.

Richtig erprobt und verbessert wurden diese Einrichtungen jedoch erst in den folgenden Jahren, denn zunächst waren nur die Präsentationsfahrten während der IVA in München wichtig, wofür das Verkehrsministerium eine befristete Sondergenehmigung erteilte.

In einem Festakt konnte bei der Herstellerfirma Henschel in Kassel die erste Lok der Baureihe E 03 mit der Fabriknummer 30 716 am 10. Februar 1965 die Werkshallen verlassen, wobei es sich nummernmäßig allerdings hierbei um die E 03 002 handelte, die eher fertiggestellt wurde. Doch bedingt durch die Wichtigkeit dieser Auslieferung der ersten Schnellfahrlokomotive der Deutschen Bundesbahn entschloss man sich zu einer „Notlüge" und beschilderte sie zu diesem Anlass als E 03 001, was sicher nur den Statistiker stört.

Die „echte" E 03 001 mit der Fabriknummer 30 715 wurde am 18. Februar 1965 ausgeliefert und im März erfolgte die richtige Nummernvergabe.

Pünktlich vor Beginn der IVA konnten am 21. April 1965 die E 03 004 (30 718) und am 1. Juni 1965 die E 03 003 (30 717) in Betrieb gehen. Alle vier Maschinen wurden im Bahnbetriebswerk (Bw) München Hbf stationiert.

Für die Präsentationsfahrten mit 200 km/h zwischen München und Augsburg, die vom 25. Juni bis zum 3. Oktober 1965 zwei bis drei mal täglich stattfanden, waren einige Voraussetzungen nötig, die

In der Lokgeschichte der BR 103 ist die 103 112 die erste wegen Fristablauf im April 1997 echt ausgemusterte 103er. Hier begegnet sie am 26. Juli 1982 mit dem TEE 6 Rheingold einem anderen IC.

Auch die 103 112 hat einen orientroten Anstrich bekommen und fährt am 30. September 1986, sieben Monate vor ihrer Ausmusterung, bei Mering mit EC 114 Richtung Augsburg.

Im Juli 1987 erhielt die 103 115 als erste ihrer Gattung, zum Entsetzen vieler Eisenbahnfreunde, den aktuellen neuroten Farbanstrich, Orientrot (RAL 3031) mit grau-weisser Kontrastfläche an den Stirnfronten, auch Lätzchen genannt. Bedingt durch falsche Zusammensetzung und sonstige Fehlern wurde die Farbgebung an verschiedenen Loks ziemlich unansehnlich. Am 5. Mai 2000 sehen wir die damals erste Lok in dieser Farbe beim Zwischenhalt mit IR 2315 im Bf. Lingen (Ems), wenige Tage vor ihrer Ausmusterung im Mai 2000. Foto: John

Im März 1971 wurde die 103 118 als einzige ihrer Bauart mit einer anderen Getriebeübersetzung ausgeliefert, die für Versuchszwecke eine Höchstgeschwindigkeit von 250 km/h erlaubte. 1983 wurde sie wieder zur normalen 103 zurückgebaut. München-Hbf im Jahre 1979: Gleich geht es im Blocklabstand auf die Schnellfahrstrecke Richtung Augsburg. Zwei Intercitys mit 103 118 und 103 149.

allerdings fahrplantechnisch durchführbar waren. So durften auf den zwei Abschnitten zwischen Lochhausen und Gröbenzell (2,5 km) sowie Malching und Kissing (25,5 km) der Schnellfahrt kein Güterzug begegnen. Außerdem durfte sich kein Wendezug auf den Abschnitten befinden. Größere Schwierigkeiten bereiteten jedoch Überschläge durch Funkenbildung im Motorbereich bei den E 03-Loks, so dass jeweils der betreffende Motor nicht mehr elektrisch gebremst werden konnte und nur noch eine Höchstgeschwindigkeit von 160 km/h zuließ.

Schädlich für die Motoren war auch besonders ein Ausfall der LZB-Übertragung, der eine sofortige Notbremsung aus 200 km/h nach sich zog und somit

In ihrem farbkräftigen Kleid präsentierte sich die 103 117-8 des Bahnbetriebwerkes Hamburg am 31. Juli 1997 den Zuschauern der Fahrzeugausstellung im Essener Hauptbahnhof. Sie wurde im August 1999 in Opladen bei der Firma Bender verschrottet.

Nach und nach wurde die Lokomotive der Baureihe in das neue Farbschema umlackiert. Auch die 103 121-0 trägt am 10. Juli 1997 das neue Farbdesign in Neurot, besser unter Orient-rot bekannt. Hier hat sie gerade den Essener Hauptbahnhof erreicht und wird gleich ihre Fahrt in Richtung Dortmund fortsetzen. Auch sie wurde nach ihrer Ausmusterung im Januar 2002 bei Bender verschrottet.

Die orientrote 103 122-8 steht hier am 29. September 1990 abfahrbereit im Münchener Hauptbahnhof um anschließend ihre Fahrt in Richtung Norden zu beginnen.

Nürnberg Hbf, die Wiege der Deutschen Eisenbahn. Am 11. Februar 1988 wartet links schon die Ablösung der 103 in Form der 120 107. Noch dominieren aber die 103er im Fernverkehr. Während die 103 130 einen IC bespannt, wartet im Hintergrund die 103 176 auf ihren Einsatz.

Nach der Wende 1989 gelangten durch die fortschreitende Elektrifizierung in Richtung Osten die 103er immer weiter auch ins Netz der ehemaligen Deutschen Reichsbahn. Am 22. Juni 1996 wartet 103 132 im Betriebshof Leipzig auf ihre Rückleistung.

die Motoren durch die teils elektrische Bremsung stark beanspruchte. Nach solchen Vorfällen mussten die Motoren im Bw München Hbf untersucht, notfalls ausgebessert werden. Aus diesem Grund wurde für den Eröffnungszug jeweils in München-Pasing und Augsburg eine sogenannte „Angstlok" bereitgehalten. In den folgenden Wochen erhielten die Fahrgäste bei Nichterreichen der Höchstgeschwindigkeit den Fahrpreis von 4,00 DM erstattet. Aus obengenannten Gründen baute man bei der zuletzt ausgelieferten E 03 003 die Motoren kurzfristig aus. Sie konnte ohne Motor auf dem Ausstellungsgelände besichtigt werden. Die drei restlichen Loks wurden für die Sonderfahrten eingesetzt, wobei jeweils eine im Betrieb war. Bei Ausfall dieser konnte auf die nächste Maschine zurückgegriffen werden.

Nachdem die IVA im Oktober 1965 die Tore geschlossen hatte, war der erste Schritt zu einer Höchstgeschwindigkeit von 200 km/h getan und aus den bisher gesammelten Erfahrungen im täglichen „Planbetrieb", der eigentlich noch keiner war, konnte man Schlüsse für die nun folgenden Versuche bei Messfahrten, aber auch bei Einsätzen vor planmäßigen Reisezügen ziehen. Bereits ab Winterfahrplan 1965/66 gingen drei Maschinen der Baureihe E 03 und die E 10 300 (Ersatz für die vierte E 03, die für Messfahrten benötigt wurde) in einen viertägigen Umlaufplan beim Bw München Hbf in Betrieb, der nach einigen Änderungen im Jahre 1967 folgendermaßen aussah:

TEE 21 München - Nürnberg - TEE 22 München - D 407 Stuttgart - D 952 - München - TEE 11 Stuttgart - F 28 - München - F 27 - Stuttgart - TEE 12 München - E 551 - Nürnberg - E 590 München - TEE 55 Hamburg-Altona - TEE 54 - München - D 157/592 Nürnberg - F 34 - München - D 57 - Stuttgart - D 366 - München.

Der tägliche Durchschnitt betrug pro Lok 1191 km, wobei an drei Umlauftagen mehr als 1200 km zurückgelegt wurden. An den Leistungen sieht man, dass neben hochwertigen Reisezügen auch niedere Zuggattungen bespannt wurden, da eben die noch länger zulässige Höchstgeschwindigkeit von 160 km/h galt. Und das bereitete den Fahrmotoren der E 03, die für höhere Geschwindigkeiten ausgelegt waren, größere Probleme. So erzeugten Fahrten über die Geislinger Steige gelegentliche hohe Temperaturen, woraus man Erfahrungen für die Serienausführung sammeln konnte.

Nachdem die TEE-Züge von den VT 601-Triebzügen nach und nach auf lokbespannte Züge umgestellt wurden, brauchte man hier die leistungsstarken 103er. Auf der linken Rheinstrecke bei Boppard zieht die 103 137 spielend den TEE 18 „Gambrinus", der heute aus nur drei Wagen besteht, in Richtung Köln am 26. Juli 1982.

103 138 mit IC 125 „Erasmus" auf der linken Rheinstrecke bei Boppard auf Fahrt in Richtung Süden am 26. Juli 1982.

Frischlackiert im orientroten Farbkleid und noch mit frischen schwarzen Lüftergittern verlässt die 103 140-0 am 22. August 1989, mit dem Intercity 720, den Essener Hauptbahnhof in Richtung Dortmund. Sie wurde im Jahr 2000 verschrottet.

Am 3. Dezember 1989 setzt sich die 103 141 in München Hbf mit Eurocity 10 in Bewegung.

Die 103 142 schlängelt sich am 26. Juli 1982 mit IC 527 „Drachenfels" auf der linken Rheinstrecke bei Boppard durch die Weinhänge in Richtung Süden.

Trotz aller Schwierigkeiten erfüllten die neuen Maschinen alle Erwartungen und nach ausgiebiger Erprobung vergab die DB 1969 den ersten Auftrag von zunächst 75 Serienloks, die einige Änderungen gegenüber den Prototypen aufwiesen. Diese sah man als Bauart-Änderung an, womit zu erklären ist, dass die folgenden Loks nicht mit der Betriebsnummer 005 sondern mit 101 folgend bezeichnet wurden. Es entstand die neue Baureihe 103.1. Baureihe 103 deshalb, weil ab 1968 eine computergerechte Umzeichnung aller Lokomotiven der Deutschen Bundesbahn erfolgte, die keine Buchstaben mehr erlaubte. Elektrolokomotiven erhielten vor der Baureihe eine 1 und so wurde aus der E 03 die 103. Äußerlich erkannte man die Serienloks hauptsächlich durch die zweite Lüfterreihe an den Seitenwänden, die jedoch im späteren Einsatz eine stärkere Verschmutzung nach sich zog. Daraus resultierend entwickelte man für die kommenden Lokgenerationen eine neue Lüftungstechnik. Auf die silberne Zierleiste als Trennung zwischen dem roten und beigem Farbanstrich wurde verzichtet, lediglich ein roter schmaler Streifen zierte die Stirnfronten bis zur Führerstandstür. Auch die Dachkante verschwand, der beige Anstrich wurde nun übergangslos bis zu den Dachaufbauten hochgezogen.

Aus Erfahrungen der Vorserienmaschinen entschied man sich, wie schon erwähnt, bei den Serienlokomotiven für den SSW-Gummiring-Kardanantrieb mit einem einseitigen, leicht schrägverzahnten Getriebe, wobei die Übersetzung 65:113 betrug. Auch

Beim Erscheinen dieses Artikels wird diese Aufnahme nicht mehr möglich sein, da sich hier an der größten Baustelle der Bahn, dem zukünftigen „Hauptbahnhof" von Berlin, alles verändert. Am 16. Mai 2001 zieht die 103 144 mit einem IR auf den alten Stadtbahngleisen an der Baustelle am S-Bahnhof Lehrter Stadtbahnhof in Richtung Ostbahnhof vorbei. Foto: Geissler

Anlässlich des Jubiläums „150 Jahre Eisenbahnen in Deutschland" trugen die meisten DB-Loks unter der jeweils in Fahrtrichtung rechten Führerstandsseite einen Aufkleber mit dem offiziellen Signet. So auch die 103 148, die hier am 2. Oktober 1985 mit einem IC in der Abendsonne bei Haspelmoor in Richtung München unterwegs ist.

Neben zahlreichen Veranstaltungen im Raum Nürnberg fand zum 150-jährigen Bahnjubiläum auch eine Fahrzeugparade mit den verschiedensten Zügen und Loks statt. Den modernen Fernverkehr stellte am 15. September 1985 die 103 150 mit einem Intercity, hier bei Nürnberg-Langwasser, dar.

Bedingt durch die bevorstehende Stadtbahnsanierung, reichte der Fahrdraht zunächst nur bis zum Bf. Berlin-Zoologischer Garten. Fernzüge darüber hinaus zum Ostbahnhof mussten aus Platzmangel am Bf. Zoo bereits im Bf. Berlin-Wannsee einen Lokwechsel auf Dieselloks vollziehen. Hier hat am 5. Juli 1993 die 103 151 den Bf. Wannsee mit IC 541 aus Richtung Hannover erreicht.

Der 4. Juli 1993 ist für den Westteil Berlins ein wichtiger Tag, denn erstmalig kann der „westliche Hauptbahnhof" (Bahnhof Zoo) elektrisch erreicht werden. Zunächst nur planmäßig mit ICE-Zügen, die hier sofort wieder wenden können. Fernzüge über die Stadtbahn in Richtung Ostbahnhof müssen noch mit Dieselloks verkehren, da dieser Abschnitt erst bei der Sanierung elektrifiziert wurde. So geben sich hier die verschiedensten Loks ein Stelldichein, unter großer Anteilnahme der Bevölkerung.

stellte man bei Geschwindigkeiten bis 160 km/h, die meist nur streckenbedingt gefahren werden durften, eine zu geringe Zugkraft und Leistung fest, so dass die Nennleistung auf etwa 7000 kW und die Trafoleistung auf etwa 6200 KVA heraufgesetzt wurde, was der 103.1 somit etwa 9000 PS verschaffte. Änderungen erfolgten auch an den Stromabnehmern, da die ursprünglichen öfters Oberleitungsschäden verursachten. So waren später für den planmäßigen Einsatz mit 200 km/h Einholmstromabnehmer der Bauart SBS 65 vorgeschrieben. Bei den je dreiachsigen Drehgestellen änderte sich gegenüber den ersten vier Maschinen kaum etwas. Sie bestanden aus einem geschweißten Hohlprofil-Kastenrahmen mit zwei Querträgern. Die mittlere Achse ist dabei um 8 mm seitenverschiebbar. Die Führung besteht aus biegesteifen, gummigelagerten Hebeln.

Am 27. Mai 1970 wurde von den Herstellerfirmen Henschel und Siemens die erste Serienlok mit der Betriebsnummer 31 427 ausgeliefert, wobei es sich nicht in der Nummernfolge um die 103 101 (Auslieferung von Krauss-Maffei/Siemens erst 1971) handelte, sondern um die 103 109. Sie stellte gleich ein zukünftiges „Einzelstück" im äußerlichen Erscheinungsbild dar, denn ihre zwei seitlichen Lüfterreihen waren in einer silbernen, nach vorn und hinten spitz zulaufenden Umrahmung eingefasst. Auf weitere farbliche Änderungen und besondere Loks wird später eingegangen.

103 159 überfährt am 3. April 1994 mit IC 507 gerade die Stadtgrenze zwischen Berlin und Potsdam an der Abzweigstelle Griebnitzsee-Ost. Wo heute Schallschutzwände stehen, trennten einst Grenzsicherungs-Anlagen zwei Welten zwischen Ost und West.

Auf der Berliner Stadtbahn überquert am Lehrter Stadtbahnhof die 103 160 mit einem Interregio die Spree in Richtung Westen am 24. Mai 1998. Rechts ist die Baustelle für den neuen Berliner Hauptbahnhof sichtbar.

In ihrem neuen orientroten Farbdesign der Bahn präsentierte sich bei herrlichem Wetter am 12. August 1989 im Bahnhof Haltern / Westfalen die Lok 103 162-4. Auch sie besaß eine Pufferverkleidung.

Die 103 167 wurde 1974 für eine Höchstgeschwindigkeit von 160 km/h zurückgebaut, da durch Einsätze in unteren Geschwindigkeiten Schäden an den Fahrmotoren auftraten. Doch der versuchsweise Rückbau – auch bei 103 161 – wurde 1976 wieder gestoppt, da jetzt ein größerer Zahnkranzverschleiß auftrat. Bereits wieder für 200 km/h zugelassen zieht die 103 167 am 9. Dezember 1985 einen IC Richtung München bei Mering.

IC 181 „Karwendel“, bespannt mit 103 168, bei Haspelmoor auf der Strecke Augsburg-München im August 1980.

Hier präsentiert der 101 161-6 des Bahnbetriebwerkes Frankfurt/Main in Ingolstadt am 22. Oktober 1983 ihre Stirnseite und Pufferverkleidung. Im Jahre 2000 wurde auch diese Maschine der Baureihe 103 verschrottet.

Im Jahr 2002 führt eine Leistung quer durch Deutschland, die meist von der 103 bespannt wird. Es handelt sich um einen Dienstzug, der verschiedene große Bahnhöfe mit den Ausbesserungswerken verbindet. Verschiedenste Reisezugwagen werden hier abgeholt bzw. zur Ausbesserung ge-bracht. Am 9. Mai 2002 erreicht die 103 166 mit Fbz 75 007 den Bf. München-Pasing.

Im Bahnbetriebswerk Dortmund wartet die 103 169-9, mit ihrem orientroten Farbkleid, auf neue Einsätze. Nach einem Schaden an der Fahrsteuerschaltung musste sie ihren Dienst quittieren. Im November 2001 wurde sie der Verschrottung zugeführt.

Im Jahre 1971 vergab die Deutsche Bundesbahn erneut zwei Bauaufträge zu je 20 Maschinen und 1972 nochmals einen für 30 Stück. Letztere erhielten ab 103 216 bis 103 245 einen um 70 cm längeren Lokkasten, wodurch die Führerstände, jetzt mit Klimaanlage ausgerüstet, vergrößert werden konnten.

Unter den Eisenbahnern wurde sie als „lange" 103er bezeichnet. Bei dieser langen Bauserie änderte sich das Drehgestell in Form von querelastischen gefederten Radsatzlagern, die später auch in die anderen Loks der BR 103 eingebaut wurden. Ebenfalls erhielten die langen ab der 103 216 (Ablieferung 19. Juni 1973) eine zusätzliche Geschwindigkeitsüberwachung zur AFB, da die 103 106 knapp vier Monate nach ihrer Abnahme am 21. Juli 1971 mit dem D 370 bei Rheinweiler einen folgenschweren Unfall erlitt. Ursache war ein unbeabsichtigtes Hochschalten des Schaltwerkes durch die AFB vor einer mit 70 km/h zu durchfahrenden Kurve, wobei Lok und einige Wagen entgleisten. Folglich durfte bis zur Verbesserung der AFB nur noch ohne diese gefahren werden.

Nach Auslieferung der letzten 103 245 am 11. Juli 1974 der mittlerweile beteiligten Firmen Henschel SSW, Krauss-Maffei, Krupp-AEG und BBC standen von 149 Maschinen der Baureihe 103 insgesamt 148 Stück für den hochwertigen Reisezugdienst zur Verfügung. Kommen wir also zum Betriebseinsatz, der bis heute hochinteressant ist. Mit Auslieferung der ersten Serienmaschine im Mai 1970 begannen in den dafür vorgesehenen Bahnbetriebswerken zunächst Personalschulungen um anschließend die vier Vorserienloks aus dem Planbetrieb ablösen zu können. Stationiert wurden die 103er in den Bahnbetriebswerken München Hbf, Frankfurt/M 1 und Hamburg-Eidelstedt. Nachdem ab Sommer 1969 (zunächst nur TEE-„Blauer Enzian") offiziell zwischen München und Augsburg mit 200 km/h gefahren werden durfte, plante man weitere Schnellfahrabschnitte besonders auf den stark befahrenen Verkehrsachsen. In den folgenden Jahren kamen Abschnitte auf den Strecken Hannover - Hamm und Hannover - Hamburg dazu. Weitere folgten und brachten im Planbetrieb Erkenntnisse für die heutigen Neubaustrecken (NBS), die noch höhere Geschwindigkeiten zulassen. Für

Bevor nach der Wende die Strecke München-Berlin durchgehend elektrifiziert wurde, hieß es im ehemaligen Grenzbahnhof Probstzella für die 103er Endstation Richtung Norden. 103 171 hat am 26. Februar 1995 den IC 708 verlassen und fährt nun auf die andere Bahnhofsseite, um auf den nächsten Gegenzug zu warten.

Obwohl erst die Serienloks ab Nr. 216 einen 70 cm längeren Aufbau zur Vergrößerung der Führerstände erhielten, wurde auch die 103 173 nach einem Unfall im Jahre 1972 bei der Instandsetzung eine „Lange" und fiel aus dem Rahmen. Die „lange" 103 173 im Bahnhof Leer/Ostfriesland am 22. April 1998. Foto: John

Am Stellwerk „Kf" im Kölner Hauptbahnhof zieht die 103 175 mit einem IC langsam am 1. August 2000 vorbei.

Noch in klassischen TEE-Farben wartet die 103 176 am 11. Februar 1988 im Nürnberger Hbf auf den nächsten Einsatz.

Im Bremer Hauptbahnhof konnte man am 17. September 1989 die rot-beige 103 177-2 mit ihrer Zugleistung dem Intercity 817 antreffen.

Im aktuellen Farbdesign wartet die 103 178 am 20. März 1998 in Oldenburg (Oldenbg) Hbf auf einen Interregio Richtung Bremen. Foto: John

diese Streckenabschnitte mussten natürlich Probefahrten durchgeführt werden, wofür sich die 103er der Vorserie anboten. Deshalb nahm man sie aus dem Planbetrieb heraus und stationierte ab Herbst 1971 z.B. die 103 002 und 003 beim Bw Seelze, wo sie für Versuchsfahrten auf dem neu geplanten Schnellfahrabschnitt zwischen Neubeckum und Rheda-Wiedenbrück auf der Strecke Hannover - Hamm eingesetzt wurden. In den folgenden Jahren unterstellte man die Vorausloks teilweise direkt dem Bundesbahn-Zentralamt, kurz BZA genannt, Minden/München. Hier wurden sie als „Bahndienstfahrzeuge" geführt und es erfolgten im Jahr 1989 Nummern-Umbezeichnungen.

Die 103 001 hieß jetzt 750 001, wobei die erste Ziffer „7" für Bahnfahrzeuge steht. Heute ist diese Maschine mit der ursprünglichen Loknummer E 03 001 als Museumslok der DB AG im Einsatz. Die 103 002 erlebte keine Umzeichnung mehr, da sie bereits im Jahre 1986 ausgemustert wurde. Aus der 103 003 wurde die 750 002, die 1983 das für eine Geschwindigkeit von 250 km/h ausgelegte Getriebe der 103 118 erhielt, jedoch 1989 ausgemustert wurde. Aus Teilen dieser ursprünglichen 103 003, die 1989 die 103 222 erhielt, entstand die 750 003 als Versuchsmaschine. Nachdem die ersten Serienmaschinen nach und nach ausgeliefert waren, erstellte man Umlaufpläne, die die Loks ab Winterfahrplan 1971 hauptsächlich vor den neu eingeführten IC-Zügen 1. Klasse im Zwei-Stunden-Takt zum Einsatz brachten. Eine neue Zuggattung entstand durch die 1./2. Klasse-DC-Zügen, die als Zubringer zu den IC-Zügen dienten. Auch diese wurden aus wirtschaftlichen Gründen teilweise von 103ern gefahren, ja selbst niedere Leistungen vor Eil- und Nahverkehrszügen waren in den Plänen zu finden. Noch bestanden Bedenken bei den Bahnoberen, planmäßig 200 km/h zu fahren. Anfangs fädelten sich Stromabnehmer alter Bauart in die Oberleitung ein und führten beträchtlichen Schaden herbei. Auch die Achslagertemperatur-Überwachung musste erst ertüchtig werden, so dass erst 1976 Hamburger 103er und ab 1978 erst so richtig alle 103er im planmäßigen Umlauf mit 200 km/h verkehren konnten. Langläufe von über 800 km waren nun keine Seltenheit mehr, wie z.B. mit 863 km von Hamburg nach Stuttgart sowie 820 km auf der Verbindung München - Hamburg. Auch das österreichische Netz wurde planmäßig bis Wien befahren. Im ersten Halbjahr 1978 konnte man somit eine durchschnittliche Laufleistung von etwas über 145 000 km verzeichnen.

Mit der Einführung vom IC-79-System unter dem Motto „Jede Stunde, jede Klasse" waren glücklicherweise noch alle 144 im Betrieb befindlichen 103.1er vorhanden, obwohl man schon bei den Planungen einen Mangel an Schnellfahrloks bedingt durch den Stundentakt-Fahrplan feststellen musste. Deshalb wurde die Linie 4 von Bremen - Hannover - Würzburg nach München vom 103er-Einsatz ausgeschlossen. Die anderen Linien waren:

Linie 1: Hamburg - Dortmund - Essen - Köln - Mannheim - Stuttgart - München

Linie 2: Hannover - Dortmund - Wuppertal - Köln - Frankfurt/Main - Würzburg - München

Linie 3: Hamburg - Hannover - Frankfurt/Main - Mannheim - Basel

In verschiedenen Fahrplanperioden gab es die Anweisung seitens der DB-Führung, diese Linien ausschließlich mit Loks der Baureihe 103.1 zu bespannen. Wie schon erwähnt, fehlte die Linie 4. Hier kamen Loks der BR 111 in Doppeltraktion zum Einsatz, die allerdings nur eine Höchstgeschwindigkeit von 160 km/h erreichen konnten. Diese Traktion ersetzten im gesamten Netz auch ausgefallene 103er. Zugelassen als Ersatz waren ebenfalls die Loks der BR 110. Man versuchte die IC-Züge südlich von Stuttgart und Nürnberg, jeweils Kopfbahnhöfe mit Lokwechsel, mit 111ern zu fahren, um 103er freizu-

103 180 und 119 in beiden Farbgebungen am 8. Juni 1997 im Abstellbahnhof Berlin-Grunewald. Foto: Geissler

Bei der Wiederinbetriebnahme der Berliner Stadtbahn nach der Sanierung fiel am 24. Mai 1998 das elektronische Stellwerk aus und auch die 103 182 quälte sich mit ihrem IR von Signal zu Signal, hier kurz nach der Museumsinsel am S-Bahnhof Hackescher Markt.

Totgesagte leben länger und das gilt auch für die Loks der BR 103. Obwohl man seitens der DB AG den Einsatz im Jahre 2000 beenden wollte, befinden sich im Frühjahr 2002 noch ca. 40 Maschinen der Baureihe 103 im Bestand. Und als dann noch Anfang 2002 die 103 184 einen neuen Farbanstrich in klassischer TEE-Farbgebung erhielt, verstanden viele Eisenbahnfreunde die Bahnwelt nicht mehr. Am 8. April 2002 wartet die wie neu aussehende 103 184 im Bf. München-Pasing als Dienstzug Fbz 75 004, heute ohne Wagen für Ausbesserungswerke.

103 190 hat mit ihrem IR 2342 soeben den Berliner Ostbahnhof verlassen und fährt in Höhe Jonnowitzbrücke über die Stadtbahn in Richtung Westen. (9. November 2000)

bekommen. Doch 1981 ging man dazu über, einige Züge fahrzeitmäßig mit einer Höchstgeschwindigkeit von 160 km/h zu berechnen, um diese mit den 111ern bespannen zu können. Im Jubiläumsjahr 1985, man konnte auf 150 Jahre Deutsche Eisenbahnen zurückblicken, änderte man das Netz auf fünf Linien, die hauptsächlich von 103ern bedient wurden, sofern sie Streckenabschnitte mit 200 km/h befuhren. Zusätzlich kamen auf verschiedenen Strecken noch Wochenend-IC-Züge hinzu, die jeweils Freitag und Sonntag besonders die Bundeswehrsoldaten zwischen den Standorten und ihren Heimatorten beförderten.

Mehr Verkehr und immer neue Schnellfahrabschnitte im Netz der DB erzeugten einen steigenden Mangel an Loks mit einer HG von 200 km/h. Mittlerweile war der Bau der Neubaustrecken zwischen Würzburg und Hannover sowie von Mannheim nach Stuttgart im vollen Gange. Hierfür benötigte man neben den geplanten ICE-Zügen Schnellfahrloks mit besonderen Anforderungen, wie druckdichte Führerstände, Notbremsüberbrückung und einer verbesserten LZB. So kam im Jahre 1987 die neue Drehstromlok der Baureihe 120.1 in Betrieb, die sofort auf der IC-Linie Hamburg - München im 103er-Plan eingesetzt wurde.

Ab Mai 1988 konnten bereits Teilstrecken der NBS zwischen Würzburg und Fulda sowie Nörten - Hardenberg und Edesheim befahren werden, so dass vor diesen Zügen nur noch 120er eingesetzt werden durften. Auch eine überarbeitete LZB – die LZB 80 – war für die NBS notwendig. Diese neue LZB wurde jedoch bei der 103 bereits seit 1984 erprobt und ab 1987 in allen Serienloks eingebaut. Deshalb wurde die 103er noch nicht arbeitslos, denn zum Winterfahrplan 1988 löste die neue Zuggattung „Interregio" größtenteils den klassischen D-Zug ab. Diese neuen Züge sollten, wenn möglich, auch auf den Schnellfahrstrecken verkehren. Und hier war die jetzt schon über 20 Jahre alte 103er gut genug.

Die für 1991 geplante Inbetriebnahme der gesamten Neubaustrecken sollte durch die neue ICE-Triebzugflotte die 103er-geführten Züge ablösen, denn genügend Schnellfahrloks der Baureihe 120.1

wären vorhanden gewesen. Somit war der Ausmusterungsbeginn der Baureihe 103.1 festgelegt. Doch die Politik machte alles zunichte. Was keiner ahnte und in kaum einer Verkehrsplanung für die nächsten Jahre groß berücksichtigt wurde, trat 1989 durch die Wende und die folgende Wiedervereinigung Deutschlands ein. Die bisherige Nord-Süd-West-Planung bekam jetzt durch die Ostachse über Nacht völlig neue Dimensionen. In kürzester Zeit musste das IC- und IR-Netz auf das Gebiet der Deutschen Reichsbahn, die noch bis zum Zusammenschluss sowie der Privatisierung bei der Bahnen im Jahre 1994 bestand, ausgedehnt werden. Hierbei war natürlich die zukünftige Hauptstadt Berlin das größte Ziel, was neue Schnellfahrstrecken nötig machte. Alle noch vorhandenen 103er mussten jetzt zumindest für Einsätze auf Teilstrecken der künftigen Neubaustrecken ertüchtigt werden und erhielten dafür eine elektrischpneumatische Bremse. Diese war unter anderem notwendig, um im Tunnel eine ausgelöste Notbremsung zu überbrücken (Notbremsüberbrückung), damit der Zug erst im Freien zum Stehen kommt.

Mit Inbetriebnahme der gesamten Neubaustrecke zwischen Hannover und Würzburg im Jahre 1991 wurde die Linie Hamburg - München auf ICE 1-Züge umgestellt, und die bisherigen IC-Züge mit 103ern wurden frei.

Man verlängerte die Linie von Basel über Dortmund und Hannover weiter über Magdeburg nach Berlin. Wegen noch fehlender Fahrleitung fand in Helmstedt ein Lokwechsel statt, der später nach Braunschweig verlegt wurde, um den ehemaligen, plötzlich heute bedeutungslosen, Grenzbahnhof durchfahren zu können. Eine neue Linie 9 entstand von Frankfurt/Main über Bebra, Erfurt und Leipzig

Am 29. Oktober 2000 startet die 103 191 mit ihrem IR 2340 in Berlin-Ostbahnhof in Richtung Hannover.

nach Dresden. Nach und nach wurden die ICE-1 Züge abgeliefert, die sofort über den Neubaustrecken lokbespannte IC's ablösten.

So konnte man bereits am 31. Mai 1992 eine weitere Linie 8 von München über Nürnberg und Leipzig nach Berlin einrichten, wobei in Probstzella noch bis Leipzig auf eine Diesellok der Deutschen Reichsbahn umgespannt werden musste. Tag und Nacht wurden die Hauptstrecken in Richtung Berlin saniert, teilweise erneuert und elektrifiziert. Die 103er arbeiteten sich immer weiter gen Osten vor, bis sie planmäßig am 23. Mai 1993 über Magdeburg und zunächst Wiesenburg – die direkte Strecke über Brandenburg folgte erst später – Berliner Stadtgebiet erreichten. Kurze Zeit erfolgte ab Berlin-Wannsee über die Berliner Stadtbahn zwar noch Dieselvorspann, doch am 3. Juli 1993 konnte auch der Bf. Berlin-Zoologischer Garten erstmalig elektrisch angefahren werden.

Die Einsätze der 103er wurden zu jedem Fahrplanwechsel meist noch ausgedehnt, obwohl man sich seitens der DB von ihr trennen wollte. So bestellte die 1994 neu aus der DB und DR entstandene DB AG bei dem Hersteller ABB-Henschel 145 Maschinen der Baureihe 101, die ab Mitte 1997 die 103er ablö-

Auch solche niederen Leistungen wurden schon 1982 von den 103ern gefahren. 103 196 vor einem Nahverkehrszug in Nürnberg Hbf am 24. Juli 1982. Diese Leistungen verursachten oft Schäden an den Fahrmotoren.

Die 103 198 ist eine Lok, die durch einen Unfall im Jahre 1992 bei Neuwied ausgemustert wurde. Am 22. August 1980 legt sie sich bei Haspelmoor vor IC 180 „Karwendel" in die Kurve.

sen sollte. Doch bis dahin gab es noch genug zu tun für den einstigen Star der DB. Die elektrischen Lücken zwischen beiden Netzen wurden in kürzester Zeit geschlossen und so konnten die 103er den IC-Verkehr zwischen Frankfurt/Main und Leipzig über Erfurt, sowie zwischen Nürnberg und Leipzig über die Frankenwaldbahn abwickeln.

1996/1997 gab es zwar wieder Einbußen, denn mit der Auslieferung der 2. ICE-Generation (ICE 2 = BR 402) wurden diese zwischen Berlin und Köln über Hannover eingesetzt und lösten auch hier die lokbespannten IC-Züge ab. Im IR-Netz gab es aber noch genügend Bedarf für die „alten" Schnellfahrloks. Das änderte sich jedoch schlagartig durch die Inbetriebnahme der Baureihe 101 ab 1997.

Freigewordene 120er konnten jetzt auch im Interregio-Verkehr eingesetzt werden, den man nach Entwicklung von Steuerwagen auf Wendezüge umstellte. Es sollten die Wendezeiten in den Kopfbahnhöfen gekürzt werden. Doch die 103er waren nicht wendezugfähig, und mussten auch diese Leistungen abgeben. Im weiteren Verlauf stellte man auch den IC-Verkehr teilweise auf Wendezüge um.

Jetzt begann praktisch das bis heute andauernde Hin und Her bei den Bahnoberen, wie und wann man sich von den 103ern trennen sollte. Im Jahre 1996 wurde entschieden, nur noch die „langen" zu erhalten, was jedoch 1998 wieder in Frage gestellt wurde. Dann kam das ICE-Unglück in Eschede am 2. Juni 1998, wonach zunächst alle ICE 1-Triebzüge stillgelegt wurden. Lokbespannte Ersatzzüge mussten die gesamte NBS durchfahren und hier konnten die 103er nochmals zur vollen Zufriedenheit der Beteiligten zeigen, was in ihnen steckt. Ob druckertüchtigt oder nicht war jetzt Nebensache. Hauptsache die Ersatzzüge rollten und ich erinnere mich noch heute gerne an eine Fahrt auf dem Führerstand einer 103 über die Neubaustrecke mit einem 5-Wagen-Zug.

Nach dem Ersatzverkehr war wieder alles offen. Brauchen wir die 103 noch oder nicht und wenn, wieviel? Fest stand, dass im Jahre 2000 in Hannover die EXPO stattfindet. Hier mussten aus der ganzen Republik Sonderzüge mit einer Höchstgeschwindigkeit von 200 km/h eingesetzt werden, deren Anzahl man jedoch nicht voraussagen konnte. So wurde 1999 verfügt, dass bei Fristablauf einer 103 diese

Ausfahrt Berlin-Zoologischer Garten Richtung Westen am 16. Juni 1997. Der IR 2448 wird heute von der orientroten 103 202 gezogen.

103 209 auf der linken Rheinstrecke bei Boppard mit IC 611 „Gutenberg" am 26. Juli 1982.

103 206 erreicht am 6. April 1994 mit IC 545 im ehemaligen Grenzstreifen bei Steinstücken Berliner Stadtgebiet.

103 215 war die letzte Maschine, die serienmäßig als „kurze" ausgeliefert wurde. Ab 216 erhielten die 103er einen längeren Aufbau. Hier schleicht die 103 215 am 24. Mai 1998 mit einem Interregio Richtung Westen an der Großbaustelle des zukünftigen Berliner Centralbahnhofs am alten Lehrter Stadtbahnhof vorbei.

sofort auszumustern ist, was somit in diesem Jahr die erste große Ausmusterungswelle dieser Baureihe bedeutete. Bisher waren zwei Maschinen durch Unfälle (103 106 am 21. Juli 1971 bei Rheinweiler und 103 125 am 6. März 1981 in Tauberfeld) ausgeschieden und ab 18. April 1997, als die 103 112 als erste ihrer Baureihe abgestellt wurde, bereits 21 Maschinen durch Ausmusterung. Im besagten Jahr 1999 folgten weitere 22 Exemplare, so dass im Expo-Jahr 2000 noch etwa 100 Maschinen der Baureihe 103 im Bestand waren. Danach ging es mit dem Bestand rapide bergab, denn selbst die Fristen hatten nichts mehr zu bedeuten. Bereits kleinere Schäden führten oft zu einer früheren Abstellung. Wenn die Loks nicht verschrottet wurden, nahm man sie als Ersatzteilspender her. Übersicht der Bestände ab 2000:

31. Dezember 2000	**59 Stück**
1. Februar 2001	**56 Stück**
30. Juni 2001	**43 Stück**

Doch die Abnahme des Bestandes änderte nichts daran, dass man die 103er noch benötigte. So bestand zum Jahreswechsel 2000/2001 im Betriebshof (Bh) Frankfurt/Main ein 21-tägiger Umlaufplan, der Padborg, München, Aachen und Dresden bediente. Leistungen wie der EC 13 von Dortmund nach Stuttgart und IC 18 von Stuttgart nach Münster waren hier die herausragensten.

Anfang 2001 musste nochmals ein viertägiger Umlaufplan erstellt werden, da bei der Baureihe 112.1 vom Betriebshof Berlin Brüche an den Schwingungsdämpfern festgestellt wurden. Eine Herabsetzung der Höchstgeschwindigkeit auf 140 km/h bzw. Ausfälle durch Reparaturen brachten der 103er kurzfristig dieses Einsatzgebiet, dass sich von Kiel über Hamburg - Berlin - Leipzig bis Dresden erstreckte. Ab Mitte Januar konnte man die Umläufe jedoch wieder ändern, weil bereits 36 Maschinen der BR 112.1 ausgebessert waren. Zu diesem Zeitpunkt wurden im Ausbesserungswerk Opladen verstärkt Ersatzteile von ausgemusterten 103ern ausgebaut, um ein weiteres Überleben der restlichen Maschinen zu sichern. Im März war man froh, dass man sie noch hatte. Die ICE 3-Züge erlitten Steinschlagschäden durch aufgewirbelten Schotter und mussten während der Ausbesserung zwischen München und Hamburg/Bremen von 103ern IC-Garnituren ersetzt werden.

Ab der Seriennummer 216 bis 245 erhielten die Loks der BR 103 bereits bei Auslieferung einen 70 cm längeren Lokkasten, die größere Führerstände ermöglichten. Hier die erste „lange" 103 216 mit IC 503 nach Hannover am 7. Juni 1993 bei der Ausfahrt aus dem Bf. Michendorf südlich von Berlin, wo wegen fehlendem Fahrdraht bis zur Stadtbahn ein Lokwechsel von Diesel- auf Ellok stattfand.

Die „lange" 103 218 erreicht mit IC 545 beim Abzweig Griebnitzsee-Ost, wo bis zur Wende durch Grenzsicherungsanlagen kaum ein Durchkommen war, am 2. Juli 1993 Berliner Stadtgebiet.

Gerne wurden die 103er für Streckenjubiläen oder Elektrifizierungs-Eröffnungen benutzt, so auch am 26. September 1980, wo die 103 219 die Ehre hat, den Eröffnungszug im Oldenburger Hbf zu bespannen.

Nach diesem Einsatz wollte man sich seitens des Geschäftsbereiches Reise & Touristik an die aktuelle Planung vom Mai 2000 halten. Dieses hieß, dass ab Juni 2000 nur noch Sonderverkehre mit 103ern gefahren werden sollte.

Hierzu war eine Lok-Bereitstellung bis Ende August von 30 Maschinen geplant. Bis Ende 2001 wollte man nur noch 15 Exemplare vorhalten. Doch es kam mal wieder alles anders. Zunächst waren zur

Hier noch im normalen Betriebsdienst durchfährt die rot-beige 103 222-6 am 28. Oktober 1986 den Bahnhofsbereich von Olching mit ihrem Intercity 20 in Richtung Norden. Sie wurde später umgezeichnet. Sie trägt nun die Loknummer 750 003-6 und wird vom FTZ Minden eingesetzt.

Nach dem ICE-Unglück bei Eschede im Jahr 1998 mussten vorübergehend wegen Außerbetriebnahme der ICE 1-Züge Loks der BR 103 Ersatzzüge befördern und kamen so regelmäßig über die Neubaustrecke zwischen Hannover und Würzburg. Hier konnten sie meist vor langen, teils überbesetzten Zügen noch mal im hochwertigen Reisezugdienst beweisen, was in ihnen steckt. Am 20. Juni 1998 überquert die 103 224 mit einem ICE-Ersatzzug Richtung Süden die Werrabrücke bei Hann. Münden.

Auf dem Weg zum Ausstellungsgelände der Wanner-Herner-Eisenbahn in Herne/Wanne befindet sich hier 103 225-8 mit den Maschinen 110 406, 110 508, 140 826 am 5. September 1987 im Bereich des Übergabebahnhofes zur WHE.

alljährlichen Love-Parade in Berlin im Juli insgesamt 78 Sonderzüge zu fahren, wozu auch die 103er benötigt wurden. Danach im August musste wieder ein neuntägiger Umlaufplan für die 103 erstellt werden. Diesmal wegen ständiger Ausfälle von Loks der BR 101 und 120.

Zunächst bis 29. September 2001 befristet wurden hauptsächlich Interregios und Nachtzüge im Raum Berlin, Bad Bentheim, Dortmund, Frankfurt/Main, Münster und Koblenz gefahren. Am 30. September 2001 musste der Plan sogar noch auf einen zehnten Tag erweitert werden, der bis Ende 2001 gültig sein sollte. Jedoch schon am 9. November 2001 stockte man auf 14 Tage auf, da im Betriebshof Berlin erneut ein hoher Schadbestand der Baureihe 112.1 auftrat. Leerwagenzüge zwischen Hamburg, Frankfurt, Leipzig und München sowie Interregios zwischen Flensburg und Berlin/Frankfurt/Main kamen dazu.

Dieser Plan galt mit kleinen Abweichungen bis zum 15. Juni 2002, dem kleinen Fahrplanwechsel. Danach, ab dem 16. Juni 2002, gilt nun ein fünftägiger Umlaufplan, in dem hauptsächlich FbZ-Leistungen zu finden sind. Klassische Leistungen vor IC-Zügen gehören aber auch heute noch zu diesem „Planeinsatz", so z.B. zwischen Leipzig und Frankfurt/Main, Hamburg und Berlin sowie Dortmund und Stuttgart. Gültig bis 14. Dezember 2002 soll dieser Plan sein, was abzuwarten ist, denn es könnte der letzte sein.

Interessant ist ein Sondereinsatz der 103 190 und 226 im Februar 2002, die umfangreiche Testfahrten mit einem 15-Wagen-Zug auf der Neubaustrecke Frankfurt/M.-Köln unternahmen. Obwohl diese hier nie planmäßig verkehren werden, benötigt man sie selbst im Hochgeschwindigkeitzeitsalter, um aus ihr Erkenntnisse zu sammeln. Eine stolze Leistung!

Somit stimmt die Planung der Deutschen Bahn AG vom Mai 2000 fast, nur hat man nicht mit noch 14 Planloks gerechnet, die außer den damals 15 geplanten Maschinen für Sonderverkehre benötigt werden. Hieraus ergibt sich der Bestand im Sommer 2002: Laut Bestandsliste vom 11. Juni 2002 existieren darin noch insgesamt 42 Fahrzeuge, von denen 29 im Einsatz sind. Im Einzelnen haben folgende 103er, nach Farbgebung aufgeführt, worauf später noch eingegangen wird, bis zu diesem Zeitpunkt überlebt: z = Zur Ausmusterung vorgesehen

weinrot/beige: 103 137 (z), 103 167 (z), 103 224 (z), 103 226 (z), 103 245 (z)

weinrot/beige mit rotem Rahmen: 103 113; 103 132, 103 184

orientrot: 103 101 (z), 103 103, 103 122, 103 126, 103 131, 103 135, 103 144, 103 147 (z), 103 148, 103 160, 103 163 (z), 103 166, 103 170, 103 172, 103 174, 103 176, 103 182, 103 190, 103 210,

103 212, 103 214 (z), 103 217, 103 221, 103 223, 103 226, 103 227, 103 228, 103 230, 103 232, 103 237, 103 240
verkehrsrot: 103 233
Touristikfarben: 103 220 mit Sonderlackierung für den Touristikzug

Außerdem sind noch zwei Maschinen zum Verkauf vorgesehen. Einmal die 103 219, die bis zum Mai 2002 im AW München-Neuaubing als Energiespender diente. Zum anderen die 103 235, die derzeit meist für Versuchszwecke unterwegs ist. Bedingt durch den nur noch fünftägigen Umlaufplan kann sich der Bestand allerdings in der nächsten Zeit täglich ändern, aber bestimmt nicht nach oben.

Es heißt also abwarten, bis zur endgültigen Entscheidung über das Ende der Baureihe 103. Scheinbar will niemand die Entscheidung treffen. Es ist noch geplant, die alljährlich im Spätsommer und Herbst verkehrenden Schnellzüge zur Weinsaison von Münster über Koblenz nach Trier zu bespannen. Und es steht noch die Inbetriebnahme der NBS zwischen Köln und Frankfurt/Main an, auf der probeweise und ab Fahrplanwechsel im Dezember 2002 planmäßig ausschließlich ICE 3 Triebzüge verkehren sollen.

Ein bevorstehender Engpass an Fahrzeugen im hochwertigen Reisezugverkehr wurde selbst von den Bahnoberen zugegeben. Vielleicht bedeutet das alles einen weiteren Aufschub für die 103er, obwohl das Ende über kurz oder lang nicht mehr aufzuhalten ist, schon allein wegen der ablaufenden Fristen in den kommenden Monaten und Jahren. Betrachten wir vor dem endgültigen „Aus" der Baureihe 103 nochmals einige Besonderheiten bei den verschiedenen Loks, wobei auch die Entwicklung der Farbgebung interessant erscheint.

Die ursprüngliche Farbgebung entsprach dem allgemeinem TEE-Konzept aus dem Jahre 1957 in

Potsdam-Stadt (heute Hbf) wurde vor der Wende von ca. 20 sogenannten Interzonenzügen durchfahren. Heute herrscht hier reger Betrieb, obwohl es nach Inbetriebnahme der Schnellfahrstrecke Berlin – Hannover wieder etwas ruhiger wurde. Mit IC 541 aus Richtung Hannover erreicht die 103 230 am 21. Mai 1996 die brandenburgische Landeshauptstadt.

103 231 fährt am Morgen des 23. Juli 1994 mit dem Nachtzug D 234 in den Bf. Berlin-Wannsee ein.

rot/beige. Sowohl die vier Lokomotiven der Vorserie als auch die Serienmaschinen wurden so ausgeliefert, letztere allerdings mussten leichte Veränderungen hinnehmen. So brachte man hier, im Gegensatz zur Vorserie, nicht mehr die profilierten silbernen Zierstreifen zur Trennung beider Farben rot/beige zwischen Brückenrahmen und Aufbau an. Auch die Zierleiste als Dachabschluss verschwand und die beige Farbe zog man übergangslos hinauf bis zu den Dachaufbauten, die in weiß-aluminium gehalten

Die 103 233, als es noch nicht die „ROCO-Lok" war, wartet am 21. April 1994 im Vorfeld des Bf. Berlin-Wannsee auf die Ankunft des IC 503 aus Richtung Stadtbahn, den sie weiter nach Hannover bringen soll.

Die 103 235 war die letzte Lok ihrer Gattung, die im Oktober 1999 eine Auslaufuntersuchung E 2.8 erhalten hat. Am 3. Mai 2001 bespannt die wieder rot/beige 103 235 in Hannover Hbf den IR 2181.

Ursprünglich wurden alle 103er mit Schürzen an den Frontseiten ausgeliefert. Eisbildung im Winter brachte jedoch Probleme und richtete Schäden an den nachfolgenden Wagen an, so dass man ab 1981 diese Schürzen nach und nach abbaute. Die 103 238 im Jahr 1985 bei Haspelmoor.

sind. Die Serienmaschinen erhielten zwischen Brückenrahmen und Aufbau einen zusätzlichen roten Streifen als Trennlinie, der nur bei der ersten gelieferten 103 109 um die ganze Lok lief. Bei allen nachfolgenden Maschinen reichte dieser Streifen nur über die Fronten bis zur Führerstandstür. Die Lüftergitter waren zunächst silbern gehalten, wobei die 103 109 als Einzelstück eine jeweils nach vorn und hinten spitz zulaufende Umrahmung erhielt.

Vereinzelt wurde experimentiert, so auch 1975, als die 103 113 nach einem Unfall einen roten Brückenrahmen und gleichfarbige Pufferverkleidungen aufwies.

Nachdem man seitens der DB ein neues Farbkonzept entwickelte, verschonte man 1987 auch nicht die BR 103 davor. Erste Lok war im Juli 1987 die Lok 103 115, die zum Entsetzen vieler Eisenbahner und Freunde dieser Baureihe nun in Neurot, was offiziell als Orientrot bezeichnet wurde, aus dem Ausbesserungswerk erschien. Die Stirnfronten schmückten grau-weiße Kontrastflächen, die man gerne als „Lätzchen" bezeichnete. Gegenüber den klassischen TEE-Farben verlor die 103 in dieser neuen Farbgebung ihr typisches Erscheinungsbild einer eleganten, formschönen Lokomotive. Zum Glück verkehren noch heute einige wenige Exemplare in rot/beige und man war verwundert aber auch erfreut als Anfang 2002 die 103 184 noch einen frischen neuen Anstrich in diesen Farben erhielt. Neben dem neuroten Erscheinungsbild erfolgten noch drei weitere Farbvarianten bei der 103. Für den Lufthansa-Express, der zwischen Frankfurt/Main und Stuttgart verkehrte, benötigte man eine Schnellfahrlok, da die Neubaustrecke benutzt wurde. Man entschied sich für die 103 101, die ab 1991 für zwei Jahre mit einem gelb/lichtgrauen Anstrich versehen wurde. Das Laufwerk sowie der untere Rahmenteil war in grau-braun gehalten. Eine weitere „bunte" Lok erschien im wahrsten Sinne des Wortes 1995 in Form der 103 220. Passend zu den neuen Touristik-Zügen, die für Sonder- und Charterfahrten in die Urlaubsgebiete zum Einsatz kamen, erhielt die 103 220 einen gelb/blau/grün gefleckten Anstrich und fällt bis heute, wo sie auch im Plandienst eingesetzt wird, farblich aus dem Rahmen.

Die letzte Farbänderung musste die 103 233 über sich ergehen lassen. Seitens der DB-AG war es eigentlich nicht mehr vorgesehen, die auf der Ausmusterungsliste stehenden 103er in die aktuelle verkehrsrote Farbgebung umzuspritzen. Jedoch auf Initiative der Modellbaufirma Roco als Hauptsponsor sowie des „Eisenbahn-Journals" und Rio Grande-Video wollte man von dieser klassischen ersten Schnellfahrlok doch ein aktuell erscheinendes Exemplar im Betrieb erleben, nicht zuletzt auch als Modell zu vermarkten.

Ab August 2000 verkehrt bis heute die sogenannte „Roco-Lok" als dritte Farbvariante im Laufe der 37 Dienstjahre in der Farbe „Verkehrsrot".

Interessant ist auch die Tatsache, dass im Oktober 1999 bei der 103 235 bei der letzten Auslaufuntersuchung E 2. 8 einer 103er, diese wieder ihr ursprüngliches rot/beiges Farbkleid erhielt.

Erwähnenswert sind auch einige bestimmte Loks, die irgendwie aus der normalen Serie wegen Besonderheiten oder Vorfällen auffielen. So wurde 103 112 im April 1997 als erste wegen Fristablauf ausgemustert. Zuvor waren durch Unfälle die 103 106 (Juli '71 in Rheinweiler), die 103 125 (März '81 in Tauberfeld) und die 103 198 (August '92 in Neuwied) aus dem Bestand gestrichen worden. Ebenfalls einen Unfall erlitt im Februar 1972 die 103 173, die jedoch wieder instandgesetzt und dabei zu einer „langen 103" wurde, was ja serienmäßig erst die Maschinen ab 103 216 von sich sagen konnten.

Ein Einzelstück war technisch gesehen gleich bei Auslieferung die 103 118. Bis 1983 war sie für eine Höchstgeschwindigkeit von 250 km/h ausgelegt, musste dann aber das Getriebe an die mittlerweile dem BZA als Versuchslok zur Verfügung stehenden 103 003 nun mit der Betriebsnummer 750 002 abgeben, die 1985 damit eine Geschwindigkeit von 283 km/h erreichte. Nach Ausmusterung der 750 002 im Oktober 1989 erhielt die 103 222 nun das Getriebe und die mittlerweile überarbeitete LZB-80 und wurde als 750 003 dem BZA unterstellt.

Die letzte Lok der Baureihe 103 war bei Auslieferung im Juli 1974 die 103 245, die auf Grund von festgestellten Motorschäden bei den übrigen 103ern im Einsatz mit niedrigen Geschwindigkeiten, nur noch für eine Höchstgeschwindigkeit von 160 km/h ausgelegt war. Ebenfalls baute man dafür die 103 161 und 103 167 auf 160 km/h zurück, um Erfahrungen im täglichen Einsatz zu sammeln. Und diese zeigten ziemlich schnell einen jetzt größerten Zahnkranz-Verschleiß, so dass nach einer HVB-Verfügung ab 6. März 1976 diese drei Maschinen wieder für 200 km/h umgebaut wurden.

Auch die 103 238 erlebte als erste ihrer Baureihe eine Änderung. 1981 wurden bei ihr die ursprünglich angebrachten Schürzen mit den dazugehörenden Pufferverkleidungen entfernt, was dann in der Folgezeit bei allen 103ern geschah. Bedingt durch starke Eisbildung im Winter, die während der Fahrt die nachfolgenden Wagen gefährdeten, entschloss man sich zu diesem Schritt. So hat sich im Lauf der 37 Dienstjahre einiges getan bei den 103ern, die bereits nach 20 Jahren beachtliche Laufleistungen zwischen 300 000 und 350 000 km aufweisen konnten. Natürlich werden auch nach dem Ausscheiden dieser edlen Renner einige Exemplare der Nachwelt als Museumsloks erhalten bleiben.

Bei der DB-AG ist zum 150-jährigen Jubiläum des Lokomotivbaus in Kassel im Jahre 1998 die 103 001 wieder in den Originalzustand als E 03 001 zurückversetzt worden und verkehrt seitdem meist vor Sonderzügen. Als lange wird die 103 245 erhalten bleiben. Auch die 750 003 ex 103 222 hat gute Chancen.

Im Deutschen Dampflok-Museum in Neuenmarkt-Wirsberg ist seit Jahren die 103 002 hinterstellt, leider nicht betriebsfähig und derzeit sehr heruntergekommen. Vor kurzem hat man einen zunächst auf zehn Jahre befristeten Leihvertrag mit Reise & Touristik für die lange 103 224 abgeschlossen. Weiter will man auf Privatinitiative evtl. die heute noch im Bestand befindlichen 103 219 und 103 235 erhalten.

Alle diese Bemühungen sind lobenswert, denn gilt es doch, die erste deutsche Schnellfahrlok auch späteren Generationen, die immer schneller fahren werden, noch vorführen zu können.

Fragt man Eisenbahner und Freunde nach der E 03, so schwärmen diese von der in Formgebung und Erscheinung schönsten deutschen Elektrolok. Wir wünschen ihr noch viele Einsätze und hoffen, dass auch nachfolgende Generationen diese, wenn auch nur im Museumsbetrieb, bewundern können. Im diesem Sinn – Adieu E 03!

Eine 103er mal von oben. Kurz vor ihrem Ziel München Hbf durchfährt die 103 239 mit einem IC am 2. Dezember 1999 die Donnersberger Brücke.

Meist müssen die 103er beim Ausfall eins ICEs einspringen, wie hier am 8. April 2002 die 103 245 beim IC 13 004 im Bf. München-Pasing.

Auch im Jahr 2002 ist die 103 entgegen allen Unkenrufen im Planbetrieb unverzichtbar. Am 10. Januar 2002 zieht die Roco 103 233 den Intercity 514 von München nach Stuttgart, hier beim Aufenthalt im Bf. München-Pasing.

05001